TRAITÉ

DE

Pêche Maritime Pratique

ILLUSTRÉ

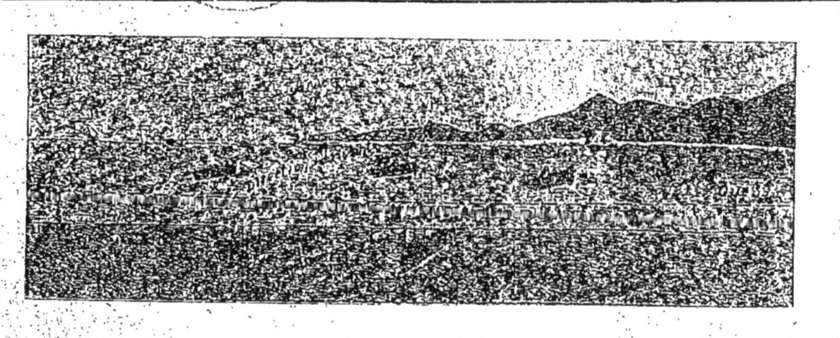

ET DES

INDUSTRIES SECONDAIRES EN ALGÉRIE

PAR

V.-F. GARAU

PRIX : 2 fr. 50

IMP. P. CRESCENZO, BOUL. DE FRANCE — ALGER

TRAITÉ

DE

PÊCHE MARITIME PRATIQUE ILLUSTRÉ

ET DES

INDUSTRIES SECONDAIRES EN ALGÉRIE

TRAITÉ

DE

PÊCHE MARITIME PRATIQUE ILLUSTRÉ

ET DES

INDUSTRIES SECONDAIRES EN ALGÉRIE

PAR

V.-F. GARAU

Syndic des Gens de Mer

Témoignage officiel de satisfaction du Gouverneur Général de l'Algérie

———

Diplôme d'Honneur du Ministre de l'Instruction Publique

Cours d'adultes et conférences publiques

Pêche et navigation

AVEC UNE PRÉFACE

de M. le Docteur J. BOUNHIOL

INSPECTEUR TECHNIQUE DES PÊCHES MARITIMES EN ALGÉRIE

ALGER

IMP. P. CRESCENZO, BOUL. DE FRANCE

1909

PRÉFACE

—

Le modeste ouvrage que je suis heureux de présenter au public traite des divers engins de pêche utilisés en Algérie. Son auteur, avant d'appartenir à l'Administration de l'Inscription maritime, a pratiqué tous les genres de pêche. C'est un professionnel qui nous donne des précisions fort minutieuses et qui a su noter quantité de détails intéressants.

Dans un style simple, à l'égard duquel il est impossible de se montrer exigeant, il a le mérite d'avoir décrit de façon très claire la forme, les dimensions, les adaptations de tous ces engins, ainsi que les conditions exactes de leur emploi.

Des figures originales accompagnent les descriptions qu'elles complètent très heureusement. En particulier, elles donnent une interprétation fort démonstrative de la manœuvre des engins à la mer.

L'œuvre de M. Garau est l'œuvre d'un praticien et sera certainement utile à tous les praticiens. Tous ceux qui voudront se renseigner sur l'état actuel de la technique des pêches maritimes algériennes : industriels, armateurs, patrons pêcheurs, y puiseront d'utiles indications.

À vrai dire, les procédés de pêche actuellement usités en Algérie ne diffèrent point de ceux que l'on est accoutumé de rencontrer sur les autres rivages, espagnol, français, italien, du bassin occidental de la Méditerranée. Il s'agit, en somme, de pratiques anciennes, assez uniformes et souvent très primitives. L'Algérie n'offre, ainsi qu'on le verra, aucune originalité, aucune particularité caractéristique de ses exploitations maritimes, si ce n'est que ces exploitations sont encore plus rudimentaires que dans les pays initiateurs et voisins.

Les industries de la mer sont, dans cet admirable pays,

tout à fait dans l'enfance. Non seulement les pêcheurs igno-
rent ici les progrès réalisés depuis longtemps dans l'indus-
trie des Pêches en Angleterre, en Danemark, en Suède, en
France (moteurs auxiliaires, pêche en flotte, cales frigori-
fiques, etc.), mais encore les barques sont généralement de
tonnage plus faible qu'en Espagne, dans le Golfe du Lion ou
en Italie. Matériel rudimentaire, population de pêcheurs
ignorante et routinière, tels sont les principaux obstacles que
rencontre, à l'heure présente, la mise en valeur des 1.300
kilomètres de mer féconde, uniquement exploitée dans le
voisinage immédiat des grands centres de consommation.

L'ouvrage de M. Garau montrera que, seule, la toute petite
pêche, étroitement littorale, est pratiquée en quelques points
très localisés de notre belle Colonie. Il permettra de com-
prendre toute l'immensité des progrès à réaliser. Il laissera
entrevoir le bel avenir qui attend les industries de la mer
dans ce pays privilégié. Et, par là, il servira utilement la
belle et bonne cause du développement économique de notre
France africaine.

Dr J. BOUNHIOL.

Alger, le 14 février 1909.

AVANT-PROPOS

———

Le traité est divisé en cinq parties :

Quatre parties comprennent tout ce qui concerne les divers engins de pêche depuis leur description jusqu'au rapport du capital.

La cinquième partie traite des dommages occasionnés aux pêcheurs par les Marsouins et de la destruction de ces animaux malfaisants. Il y est question aussi des Prud'homies des Corporations de pêcheurs et des Sociétés de secours mutuels.

Chaque partie est divisée en articles et en paragraphes.

Il suffira d'ailleurs de se reporter immédiatement à la table des matières, pour voir d'un seul coup le contenu de l'ouvrage.

Les dessins de l'ouvrage montrent la forme des engins et la façon dont ils sont employés pour les différentes pêches.

Outre les questions de pêche proprement dite, on trouvera aussi dans l'ouvrage, Exemple : Article 1. « Sardinal », la description des divers modes de salaison des sardines et des anchois ; le logement dans les barils ; la provenance et le prix de ces récipients ; la provenance du sel, la qualité, le prix et la quantité à employer par 100 kilos de poisson ; le placement de la marchandise, le prix moyen et mille autres détails, jusqu'à la vente au détail chez l'épicier.

Ayant, nous-mêmes, pratiqué les diverses pêches pendant une dizaine d'années et servant à l'Inscription Maritime, en Algérie, depuis 18 ans, nous avons cru faire œuvre utile en groupant nos connaissances acquises, en un livre qui rendra, nous l'espérons, des services aux populations maritimes et aux écoles du littoral.

Les pêcheurs et les armateurs trouveront, dans ce traité, des renseignements indispensables à leur profession.

Les saleurs et les usiniers y puiseront les données nécessaires à leur industrie. — Cet ouvrage, enfin, sera utile aux élèves des écoles qui voudront plus tard devenir armateurs à la pêche, puisqu'il leur fera connaître toutes les questions sur les dépenses à faire et le rapport du capital engagé.

GARAU.

PREMIÈRE PARTIE

Filets Flottants

I. **SARDINAL.** — Nom local de l'engin. — Description, dimensions, mailles, lest, etc. — Provenance, fabrication, matière employée et valeur. — Valeur du bateau et des accessoires. — Espèce qu'il sert à capturer. — Conservation, séchage, ramendage, teinture. — Lois, décrets, arrêtés, etc. — Description du mode d'emploi. — Démaillage des sardines, des allaches et des anchois. — Vente à l'arrivée de la pêche. — Parages de pêche par ordre d'importance. — Saison de pêche. Gain des pêcheurs. Rapport du capital. — Salaison des sardines et des anchois. Ateliers. — Salaison à la Française. — Sardines pressées. — Usines à friterie.

II. **LAMPARO ET RETZ VOLANT.** — Nom local de l'engin. — Description, dimensions, mailles, lest, etc. — Provenance, fabrication, matière employée. — Valeur de l'engin. — Espèce qu'il sert à capturer. — Lois, décrets, arrêtés, etc. — Conservation, séchage, ramendage et teinture. — Description du mode d'emploi. — Procédés de pêche interdits. — Pêche au feu interdite.

Nº 1 SARDINAL

Nom local de l'engin. — Ménaïte.

1º *Description, dimensions, mailles, lest, etc.* — Filet à nappe simple mesurant en longueur (une seule pièce fig. 1) 85 mètres ; en hauteur ou chute 22 mètres, étant calé. — Nombre de mailles dans le sens de la hauteur : 850, mesurant de 14 à 16 millimètres en carré. Celles des renforts des ralingues, du liège, du plomb et des ajouts (E) : 40 millimètres. — Petits lièges à la ralingue supérieure : 250 pour une seule pièce. — Lest par mètre courant à la ralingue inférieure : 125 grammes de plomb. — 7 flotteurs en liège et leur ligne (H). — (E) Ajoutage d'une pièce à l'autre, bout à bout, par les ralingues et par les petites attaches des renforts verticaux de la nappe. — Queues d'extrémités au bout desquelles est frappée une aussière, l'une allant au bateau, l'autre à la clochette (fig. 2).

Fig. 1. — Une seule pièce, avec sa queue et ses flotteurs, ajoutée à la deuxième.

Fig. 2. — Engin complet calé, 4 pièces.

Fig. 3. — Bateau sardinal d'Algérie.

Fig. 4. — Bateau sardinal du Midi de la France.

Fig. 5. — Accessoires de pêche.

2º *Provenance, fabrication, matière employée.* — Ce filet provient d'Italie où la main-d'œuvre est peu élevée et la fabrication largement organisée depuis longtemps. Malgré de forts droits de Douane à l'entrée en Algérie, il revient à un prix moins élevé que le même fabriqué en France ; il est en fil de lin et fabriqué à la main.

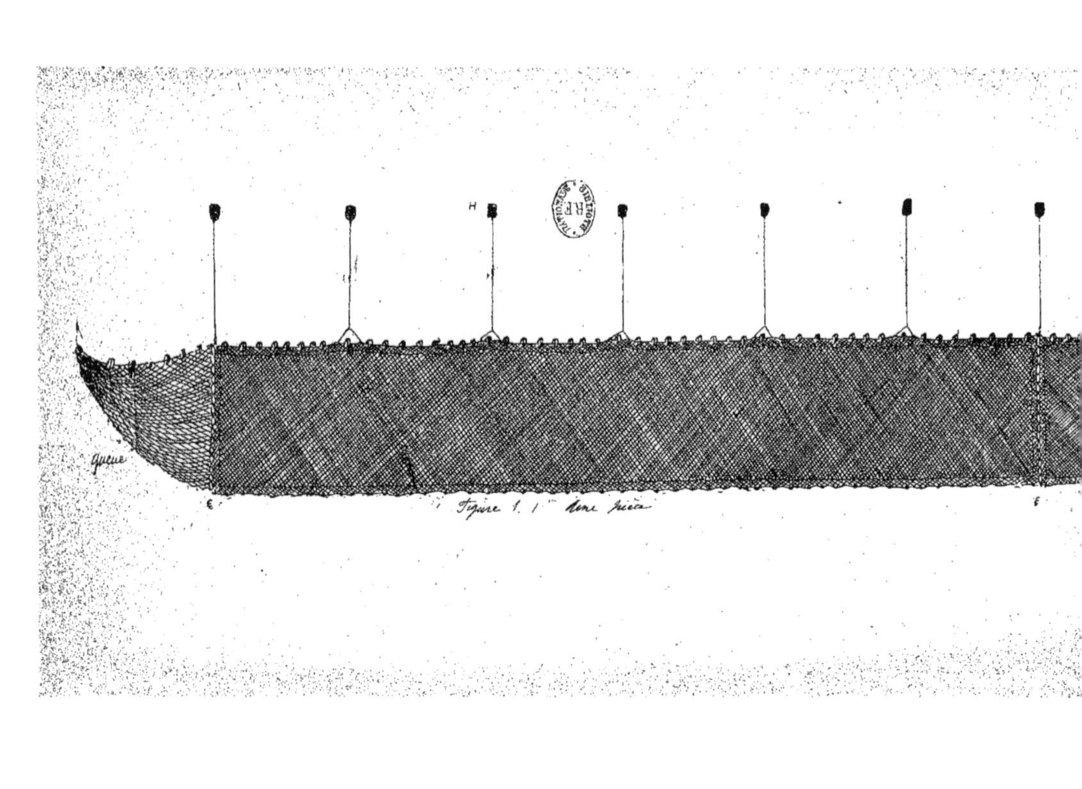

Queue
H
Figure 1. 1ère Demi pièce

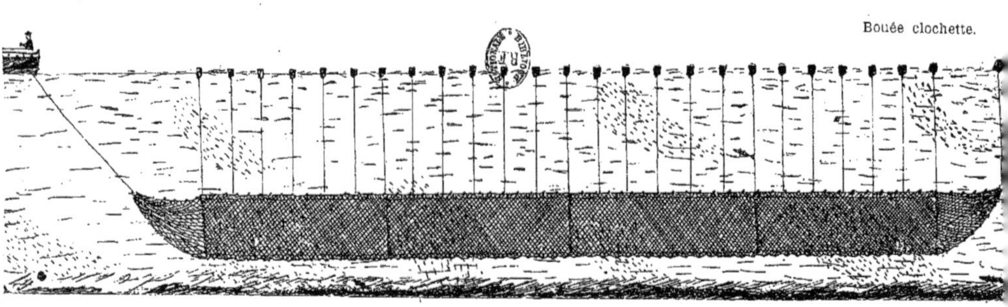

Fig. 2. — Engin complet, 4 pièces.

Fig. 3. — Bateau sardinal (Algérie), 3 tonneaux au plus.

Fig. 4. — Bateau sardinal du Midi de la France, 5 tonneaux.

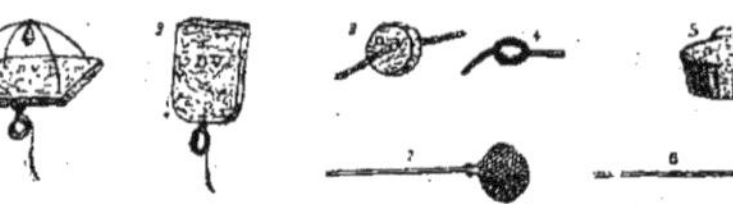

1. Bouée clochette.
2. Flotteur en liège.
3. Liège de la ralingue du filet sardinal.
4. Lest en plomb de la ralingue inférieure.
5. Corbeille à poissons.
6. Seau pour le lavage du poisson.
7. Salabre pour repêcher les sardines tombant à la mer pendant le halage du filet.
8. Croc pour saisir les flotteurs.
9. Escopette à poissons.

Quelques armateurs de la Côte, ceux fixés en Algérie depuis longtemps et définitivement, ayant constaté que le sardinal fabriqué à la mécanique capture davantage de poisson à cause de sa meilleure fabrication et de la finesse du fil, en achètent à Paris, Lille, Montpellier et Douarnenez depuis quelques années.

Une maison installée à Alger fait sûrement de bonnes affaires pour la vente des divers engins de pêche dont se servent les pêcheurs d'Algérie.

Des essais de fabrication de sardinals en fil de coton ont donné de bons résultats du fait que le fil reste toujours souple malgré plusieurs teintures.

3° *Valeur de l'engin.* — Une pièce de sardinal garnie de ses ralingues, du liège et du plomb, ainsi que des 7 flotteurs avec leur ligne de 30 brasses, revient à 285 francs. Quatre pièces formant l'engin complet ont donc une valeur de 1.140 francs, non compris le coût des deux aussières pour les queues. Bien entretenu, le sardinal peut avoir une durée de 6 ans ; hors de service, il est vendu aux corailleurs qui en assujettissent de forts paquets à leur engin pour la pêche du corail.

4° *Valeur du bateau et des accessoires.* — Le bateau qu'on appelle une « Lampara » (fig. 3), jaugeant au plus 3 tonneaux, coûte gréé de sa voilure, tente, avirons, grappin, aussière, etc. : 1.000 francs environ.

Ces bateaux construits en Italie et en Algérie même, sont tous non pontés. Ce prix ajouté à celui de l'engin, fait monter le tout à une valeur de 2.200 francs. Mais les pêcheurs bien montés possèdent un deuxième jeu de filets semblables et à mailles plus petites de 11 à 13 millimètres, ayant la même valeur et destiné spécialement à la pêche des anchois.

Les bateaux des pêcheurs du Midi de la France (fig. 4), d'une construction différente, tous pontés et d'une jauge plus forte (5 tonneaux) valent complètement gréés 1.800 francs environ. La presque totalité, destinés spécialement à la capture des sardines, des anchois, des maquereaux et des thons (pêche en flotte), sont construits, tous du même gabarit, à Collioure (Pyrénées-Orientales), près Port-Vendres, où il existe trois ateliers de construction très prospères. Les constructeurs dépassant toujours dans l'année la limite de jauge construite, reçoivent une prime de construction.

5° *Espèces qu'il sert à capturer*. — Le sardinal capture seulement : les sardines, les allaches et les anchois.

6° *Conservation, séchage, ramendage et teinture*. — Avant de s'en servir, on doit teindre le filet dans une décoction bouillante de tanin (écorce de chêne-liège, qu'on récolte beaucoup en Algérie). Nombre de pêcheurs emploient pour cette teinture de l'eau de mer, mais on comprend que l'eau douce est préférable, car elle désagrège davantage le tanin ; la décoction étant dans ce cas plus foncée et plus âpre, l'effet de dégraissage du filet, surtout à la suite de pêches abondantes d'anchois, est bien plus complet.

Si le filet pouvait être employé à blanc, sans le teindre, il capturerait souvent davantage de poisson pendant le jour, mais il serait vite perdu. Dans la nuit il est indifférent qu'il soit blanc ou noir.

Ce filet doit être teint ou dégraissé au moins une fois par mois quand il travaille, plus souvent quand la pêche est abondante et aussi à la suite d'un fort coup de pêche, afin d'éviter que l'huile du poisson, qui n'a pu être enlevée en le battant dans l'eau, ne l'échauffe. On doit faire sécher le filet chaque jour en Algérie, tandis qu'en France on ne le met à sec que tous les deux jours, la température étant plus fraîche. Le séchage doit avoir lieu autant que possible sur une plage unie et non sur les cailloux ou herbes sèches, ce qui occasionnerait en le remuant des « *demi-mailles* » (fil d'une maille rompu). Pendant que le filet sèche, les hommes de l'équipage le ramendent, c'est-à-dire qu'ils raccommodent les demi-mailles occasionnées par le démaillage des sardines et les déchirures faites par les marsouins. Quand il y a trop de mal, les pièces les plus attaquées sont mises de côté et remises en état le plus tôt possible. Sitôt secs les filets doivent être enlevés du soleil trop brûlant.

7° *Lois, décrets, arrêtés, etc., en vigueur*. — L'emploi de cet engin est autorisé pendant toute l'année de nuit comme de jour (art. 11 du décret du 2 juillet 1894 sur la police de la pêche maritime côtière en Algérie) ; il est classé dans la deuxième catégorie, filets flottants (art. 13) pour les dimensions des mailles (art. 15).

8° *Description du mode d'emploi. Manière de pêcher*. — Les 4 pièces préalablement jointes bout à bout sont mises dans la cale du bateau avec les flotteurs, auxquels on laisse la longueur de ligne nécessaire. La petite aussière de la

Fig. 6. — Sardinals calés conformément à la règle. Le vent est favorable.

bouée-clochette est frappée à la queue, une autre plus forte à l'autre queue du côté du bateau. L'engin est prêt à être calé.

Suivant les parages où se prennent les sardines (pour les anchois nous verrons plus loin), les pêcheurs se rendent sur les lieux de pêche plus ou moins de bonne heure, vers les 4 ou 6 heures du soir, en se tenant à distance pour ne pas se trouver trop groupés au moment du calage.

CALAGE : Arrivés à destination, et après s'être placés à 300 mètres l'un de l'autre, la prudence veut qu'on mouille pour s'assurer dans quelle direction le courant tire, s'il est violent ou faible, s'il n'y en a pas ou si celui du fond tire vers l'Est et celui de la surface vers l'Ouest, ou enfin si tous les courants vont dans la même direction. Les pêcheurs se servent pour cela d'une ligne au bout de laquelle sont placées une dizaine de balles en plomb : 425 grammes environ.

Le soleil va se coucher, du côté de la terre, et le courant tire de l'Est vers l'Ouest ; à ce moment, et après avoir relevé le grappin, le filet est mis à la mer en dirigeant le bateau vers l'Ouest, courant arrière un peu en travers (voir fig. 6 ci-après), de manière que dans leur course les sardines se tenant un œil au courant, l'autre vers la clarté du soleil couchant, rencontrent le filet bien en travers. Chaque bateau en fait autant et les filets calés se trouvent placés en quinconces, souvent sur une grande ligne de pêche, sans que l'un masque l'autre. Le calage simultané, à cinq minutes près, surtout quand il y a du vent et du courant, est de rigueur quand les bateaux sont groupés, afin d'éviter le rapprochement réciproque, et avoir à reprendre sa distance, d'où perte de temps souvent préjudiciable, car il suffit parfois d'un retard d'un quart d'heure pour que le produit de la pêche soit moindre de celui des voisins.

Si le filet était calé différemment, il arriverait, quand il y a du courant, qu'il se mettrait dans une mauvaise position (fig. 7) ou qu'il « puiserait » (fig. 8), c'est-à-dire que les flotteurs se ralliant tous ensemble, les mailles se fermeraient dans le sens vertical, le filet n'étant plus allongé comme à la figure 6. Le tout s'embrouillant, on risque de perdre une partie de l'engin. L'habileté du patron est donc indispensable sous peine de ne pas gagner sa vie et de détruire en peu de temps l'engin de pêche dont la valeur est assez élevée. Le patron propriétaire gagnant peu à peu ses engins de pêche achetés à crédit est beaucoup plus prudent que celui qui n'est pas propriétaire.

Le vent trop frais soufflant de la direction vers laquelle il faut diriger le bateau pour caler le filet en poupe de courant empêche le calage régulier, mais le temps n'est pas mauvais au point de retourner au port et il faut cependant s'arranger pour mettre le filet à la mer sans risques et prendre si possible un peu de poisson. Que faut-il faire ? On cale alors en travers pour qu'au moins une partie de l'engin pêche un peu. Voici comment on procède (explication fig. 9) :

EXPLICATION : Il faudrait allonger le filet vers A, mais le vent trop frais vient de B en C ; on ne peut aller contre le vent qui, une fois le filet à la mer, y drosserait le bateau dessus. On cale alors de D en E ; le vent ayant prise sur le bateau, celui-ci a entraîné à F un tiers de la totalité du filet, partie qui se trouve à peu près bien placée, en travers de la marche du poisson. Le milieu G n'est pas bien paré et l'extrémité H, opposée au bateau, se trouvant dans le sens de la marche du poisson, tête au courant, ne pêche pas du tout par l'effet du même courant venant de l'Est.

Pendant que le filet pêche, un homme aux avirons doit toujours nager un peu, par temps complètement calme, pour maintenir toujours l'aussière raide dans le sens opposé à l'alignement du filet qui doit constamment rester bien allongé. Le veilleur doit écouter continuellement le tintement de la clochette, s'il l'entend trop rapproché comme (I fig. 7 et 8) il appelle le patron, s'il est au repos, lequel après s'être bien assuré, fait prendre les dispositions pour relever immédiatement le filet. Cela se passe dans la nuit, car dans le jour, on aperçoit bien tous les flotteurs sur l'eau.

Ce cas se produit également, quoique ayant calé suivant la règle, quand le courant change pendant que l'engin pêche et aussi quand le vent saute, drossant alors le bateau vers le filet, mais il y a un remède : on peut changer de bout, c'est-à-dire qu'on lâche le filet pour aller le reprendre du côté de la clochette, mais au bout lâché, on a préalablement assujetti une bouée-clochette de rechange. Ce travail, sans inconvénient pendant le jour, présente de sérieux risques quand il s'opère pendant les nuits noires, car il arrive quelquefois de ne plus retrouver le filet de toute la nuit. De cet accident, des avaries se produisent forcément, le filet en dérive allant s'engager au cable du grappin des bateaux au mouillage.

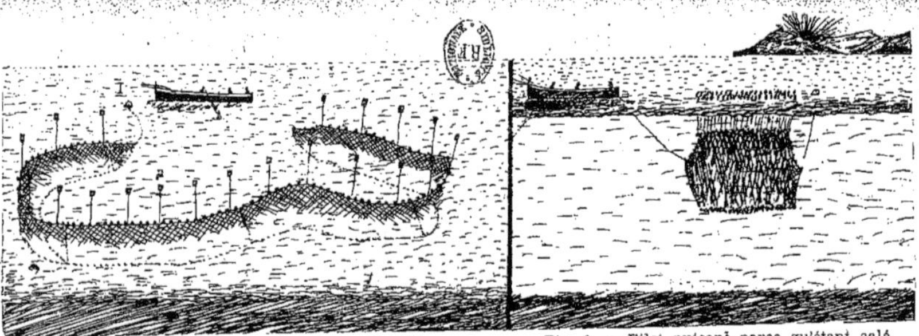

Fig. 7. — Filet dérangé n'ayant pas été calé
conformément à la règle.

Fig. 8. — Filet puisant parce qu'étant calé
contre courant.

Fig. 9. — Calage difficile

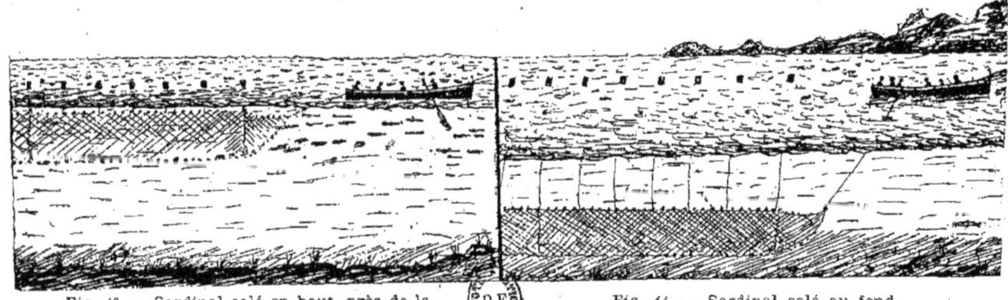

Fig. 10. — Sardinal calé en haut, près de la surface.

Fig. 11. — Sardinal calé au fond.

Sauf ces incidents, quand le crépuscule a disparu, une heure après avoir mis le filet à la mer, celui-ci est tiré à bord, et les sardines sont démaillées à mesure, s'il y en a peu. Si au contraire, la pêche a été bonne, le démaillage n'a lieu qu'une fois le filet relevé et après avoir mouillé et mis le fanal en position, si on reste sur les lieux de pêche pour la calée du matin, ou s'être mis à la voile pour rallier le port par suite de bonne pêche ou par crainte de mauvais temps qui menace, ou enfin pour changement de parages de pêche. Le démaillage terminé, le filet est remis en ordre dans la cale, prêt pour la calée du matin.

Dans la matinée, quand l'aube commence à pointer, parfois 10 minutes avant ou après, cela a son importance, suivant que le poisson donne de bonne heure ou tard, on remet le filet à la mer dans les mêmes conditions. Seulement, le soleil se lève du côté opposé où il s'est couché, ce dont les sardines s'aperçoivent aussi et nagent en conséquence.

Nous ajouterons que, pendant que le filet est à la mer, on doit faire le moins de bruit possible, ni parler trop haut, ni chanter, ni surtout jouer de la flûte, car l'eau étant bon conducteur, ramène le bruit au loin, ce qui attire les marsouins.

D'une manière générale, on pêche en haut au crépuscule, c'est-à-dire qu'on ne laisse aux flotteurs (fig. 10) qu'une ou deux brasses de ligne que les pêcheurs appellent calume, ou bien entre deux eaux, les jours précédents ayant indiqué, suivant que les sardines étaient maillées près la ralingue du plomb, celle du liège ou un peu partout, à quel fond elles se tenaient.

A l'aube du matin, les filets sont presque toujours calés au fond, c'est-à-dire que, se trouvant par un fond de 30 brasses et le filet en mesurant déjà lui-même 14, on en laisse 16 aux flotteurs. Dans ce cas, la ralingue plombée frôle le fond (fig. 11). Mais si le courant est un peu fort, on doit laisser un supplément de 2 ou 3 brasses ; s'il est violent, 5 et 6. Le filet doit faire fond quand le poisson nage bas, sous peine de ne rien prendre et les bateaux à côté faire de très bonnes pêches, car, dans ce cas, le poisson est maillé sur une seule ligne du filet, près le plomb. — Ces diverses dispositions doivent être bien observées des pêcheurs, sous peine de tomber l'un sur l'autre ; cela veut dire que le patron du bateau voisin ayant calé son filet en haut, le courant en le drossant davantage, le jettera sur celui ayant calé au fond, ne bougeant pas bien souvent.

Dans le midi de la France, la question de brasses à laisser aux flotteurs est réglée par la Prud'homie (en Algérie, il n'en existe pas encore). Voir l'art. « Prud'homie de la Corporation des pêcheurs ». Le président fait afficher à l'endroit habituel, une pancarte qui indique le nombre de brasses à laisser aux flotteurs, les bateaux étant presque toujours groupés ensemble dans les parages où se capture momentanément la sardine. Si un pêcheur du groupe pêche dans des conditions autres que celles décidées et occasionne des dégâts à un autre, ce tribunal de la Corporation se réunit et rend une décision à l'égard du délinquant. Le jugement rendu par la Prud'homie, tribunal composé de pêcheurs élus par leurs pairs, est sans appel.

Si quelqu'un des pêcheurs croit devoir ne pas tenir compte de la règlementation de la prud'homie, il doit s'écarter à une certaine distance, de manière à ne pas nuire au groupement ; dans ce cas, il pêche comme bon lui semble.

Souvent aussi, il faut laisser sur 16 brasses de ligne aux flotteurs, comme le nombre de brasses de fond le veut, 8 et même 10 brasses en plus, quoique le courant soit doux, de manière que le filet, touchant déjà au fond par sa ralingue inférieure, présente un angle de 45 degrés. Dans ce cas, les sardines ayant passé la nuit enlisées dans la vase remontant vers la surface presque verticalement doivent, pour être prises bourrant toujours et ne reculant jamais, rencontrer l'engin de pêche comme il convient ; si le filet est vertical, la calée est très maigre (voir fig. 12). Ce travail très délicat ne peut avoir lieu que par des fonds bien unis et très propres, car une partie de la nappe qui est très fine, traîne au fond.

Quand le filet doit traîner au fond, le patron doit s'être préalablement assuré s'il ne se trouve pas dans un parage dangereux : fond rocheux, navire coulé, ancre ou grappin laissé à la mer, etc... sous peine de perdre parfois entièrement son engin de pêche. Les fonds dangereux, relevés depuis longtemps, sont bien connus des pêcheurs par des repères pris à terre : un clocher de village par un col de montagne ; le sommet d'un morne par un autre point remarquable, etc... Dans la nuit, au moyen de la sonde, si elle accuse un fond où gisent des dangers, ledit patron ne sachant, les repères à terre étant souvent invisibles, s'il se trouve à l'Est ou à l'Ouest, doit s'écarter quelque peu de cette ligne de fond pour que, en tous cas, le courant ne puisse le ramener sur les dits dangers (fig. 13).

A) Soleil. — B) Flotteur et sa ligne. —
C) Courant. — D) Filet. — E) Sardines.

Fig. 12. — Filet calé, couché en angle de 45°.

Fig: 13. — Parage dangereux. Cardinal accroché à une roche. La nappe s'est séparée
de la ralingue du plomb. — Repères : le sommet du morne par un col, et le clocher
par un autre col.

Enfin; quoique les moments les plus favorables pour capturer les sardines soient, comme il est dit, aux crépuscules du soir et du matin, les pêcheurs calent aussi quelquefois en plein jour leur Sardinal, mais cela n'a lieu généralement qu'au commencement et vers la fin de la campagne : en mars-avril et septembre-octobre et en toute saison, quand des orages se produisent. Pendant les orages, les sardines paraissent sur l'eau, on entend le bruit qu'elles produisent en rejetant l'eau par leur queue.

En toute saison également, mais principalement en plein été, on court à la lune, c'est-à-dire que ces poissons migrateurs, parfois capricieux, ne se font prendre ni le soir ni le matin. Les entendant en pleine nuit sur l'eau, on met le filet à la mer, avec aux flotteurs le moins de ligne possible. Le pêcheur qui court à la lune doit arborer, pour se faire distinguer des autres au mouillage et qui ont un feu blanc, un feu rouge. Cette règle spéciale à ce genre de pêche est constamment en vigueur et rappelée aux pêcheurs, également par la prud'homie, en France.

Les allaches sont capturées de la même façon que les sardines ; cette espèce ne demande pas toutefois autant de science.

Les Anchois, ces poissons bleus, migrateurs ou de passage également, se capturent aussi avec le filet sardinal ; la seule différence avec ce dernier consiste seulement en ce que les mailles, au lieu d'avoir 14 à 16 millimètres, n'en mesurent que 11 à 13 ; les dispositions pour le calage sont les mêmes. Cette pêche se pratique bien plus au large que celle de la sardine et des allaches ; le filet est toujours calé en haut et jamais au fond ; les flotteurs n'ont qu'une longueur de ligne de 2 brasses et le patron, dans ce genre de pêche, n'a pas le souci des dangers existant au fond.

Quoique l'engin soit semblable à celui du midi de la France, la manière de pêcher l'anchois diffère quelque peu. Dans les mers d'Algérie, cette pêche est pratiquée assez près de la côte, à 15 milles au large le plus. Toutes les demi-heures, on relève quelques brasses de filet pour s'assurer si l'anchois se maille ; sitôt qu'il ne maille plus, l'engin est relevé et remis à la mer à quelque distance plus loin. Le même travail se répète à plusieurs reprises pendant la nuit.

Tandis que dans le midi de France, notamment aux centres de : Cette, St-Laurent de la Salanque, Collioure et Banyuls-sur-mer, cette pêche se pratique jusqu'à 100 milles au large, ou toujours très loin de la côte, que l'on perd souvent de vue.

Le filet est mis à la mer au coucher du soleil ; toutes les deux heures, au changement de quart, on s'assure également si l'anchois se maille, et l'engin n'est relevé qu'une seule fois vers les 2 ou 3 heures du matin. Puis les bateaux cinglent vers la terre, se dirigeant souvent à la boussole.

Les bancs d'anchois, qui se tiennent toujours au large, sont visibles, ces poissons sautant hors de l'eau en décrivant une courbe. La qualité, dans ces parages hauturiers, est excellente pour la salaison, le poisson étant gros et sa chair très ferme.

Revenons un moment aux sardines : Souvent, quoique sachant que la mer en est pleine, comme l'on dit, pour en avoir pris de bonnes quantités les jours précédents, et vu sur l'eau, certaines nuits, on en capture que quelques kilos, parfois de non semblables, c'est-à-dire plus petites et maigres. Que s'est-il passé ? Les sardines, pour une cause quelconque, sont restées enlisées dans la vase, dans laquelle elles pénètrent par leur ventre taillant. Ce fait se produit souvent en plein été, parfois pendant deux ou trois jours, puis, tout d'un coup et après avoir cru qu'elles étaient parties, elles paraissent de nouveau et de bons coups de filet se produisent encore.

L'anchois, également, ne se fait voir, ni capturer parfois ; sa forme ronde en longueur dit bien qu'il pénètre dans la vase par sa tête pointue, qu'il ressort en laissant voir un œil, ayant tout le corps enfoui. — Pendant la pêche, si un orage survient, il ne reste plus qu'à relever le filet, car le bruit du tonnerre et les éclairs l'apeurant, l'anchois pique au fond, ce qui est le contraire des sardines qui remontent à la surface. Le sardinal, pour la capture des sardines et des anchois, est l'engin de pêche le plus attaqué par les marsouins.

Le métier de pêcheur, comme on le voit déjà, est un art véritable.

9° *Démaillage des sardines, des allaches et des anchois.* — Le démaillage des sardines et des allaches s'exécute en ouvrant la maille du filet avec les cinq doigts de la main gauche et tirer à soi de la main droite le poisson, en donnant en même temps un demi-tour de clef, tout en ayant soin de ne pas le presser et lui enlever le moins possible d'écailles et bien moins la peau argentée. La sardine doit rester intacte jusqu'aux ouïes ; celle bien démaillée se vend mieux, faisant meilleure figure pour la salaison. — Pour l'anchois, il en est de même, mais on doit en plus lui écraser la tête en même temps avec l'ongle du pouce gauche, aidé de l'index et du majeur pour le dégager de la maille. Les saleurs ont grand intérêt au bon démaillage de ces poissons, surtout de l'anchois, qui se vend si cher.

Le démaillage doit se faire vite, à courir, 10 quintaux à l'heure ; on doit profiter tant que le poisson est frais, pour plus de facilité et afin aussi d'éviter trop de déchet, qui cause une perte de poids aux pêcheurs, tout en ne faisant pas l'affaire du saleur, qui désire le poisson le plus frais possible pour l'étêtage, la mise au sel et l'embarillage.

10° *Vente à l'arrivée de la pêche*. — La vente des sardines des allaches et des anchois a lieu généralement à l'encan. Un des acheteurs commence à mettre un prix, plus bas que le cours du jour, puis on augmente par : 1 fr., 0 fr 50 et 0 fr. 25 ; le dernier ayant haussé jusqu'à 18 fr. 25, supposons, personne ne dit plus rien... Adjugé. Une partie de pêcheurs, surtout ceux dont le propriétaire du bateau est saleur, ont le produit vendu d'avance et au cours du jour. Cette dernière manière de vendre est plutôt désavantageuse pour les pêcheurs qui doivent parfois supporter un prix inférieur, sans trop oser rien dire, étant engagés, c'est-à-dire qu'ils ont reçu des avances de l'armateur-saleur.

Dans le midi de la France, et tout en revenant au même, c'est le patron du bateau qui pose un prix supérieur au cours prévu du jour et descend par franc jusqu'à ce que l'un des acheteurs, qui sont haletants, dise sec : moi. Quand deux ou plusieurs ont dit moi en même temps, c'est adjugé à celui qui a parlé le premier ; dans ce cas, tous veulent être l'adjudicataire. S'ils ne peuvent s'entendre, et sur la proposition du patron, qui est le plus souvent finalement acceptée, la vente est recommencée.

De cet incident, il s'en suit assez souvent une augmentation de 1 franc par quintal. Tout cela n'amuse pas le patron que le lavage, le séchage et le ramendage de ses filets pressent.

11° *Saison de pêche*. — L'usage du sardinal est permis en tout temps, de nuit comme de jour. Cet engin flottant n'est assujetti à aucune dimension de maille, étant inoffensif, quoique la ralingue du plomb frôle parfois le fond, quand il est calé au fond (fig. 11) ; il reste sur place quand le courant est nul ou maniable, et parcourt une distance de 2 ou 300 mètres quand le courant tire un peu. Quand le courant est violent il parcourt des distances assez grandes, mais alors il sursaute au fond. Le dragage proprement dit des fonds n'existe pas, cela est bien prouvé et cet engin ne détruit aucune espèce sédentaire. Très rarement d'ailleurs les pêcheurs algériens calent leur sardinal au fond.

La saison proprement dite de la migration des sardines et des allaches commence vers les premiers jours de mars ; ces espèces continuent à rallier la côte jusque vers le 15 mai pour s'installer dans les fonds plats et propices des golfes, et en repartent définitivement vers le 15 septembre, terminant ainsi la campagne au sardinal.

La sardine (allache non comprise) capturée du 15 mars jusqu'au 15 juin est la plus recherchée pour la salaison, parce que pendant cette période, n'étant ni trop petite, ni trop grande, ni trop grasse, elle convient très bien, 35 environ allant au kilo. Tandis que celle pêchée plus tard étant trop grande ne fait premièrement pas bien l'affaire pour la salaison vendue au détail par l'épicier ; deuxièmement étant trop grasse elle produit beaucoup de rouille, ce qui donne du travail pour l'enlever à mesure et gâte assez souvent le poisson quand il est définitivement embarillé en attendant qu'il soit confit pour la consommation. Consommée à l'état frais, les sardines grosses et grasses des mois de juillet, août et septembre sont bien plus succulentes. De cette dernière on fait beaucoup de poisson pressé en France, ce qui n'a pas lieu en Algérie.

Les Allaches qu'on capture en même temps et qui sont abondantes en Algérie et très rares en France, ont une valeur bien moindre ; elles sont vendues principalement aux pêcheurs palangriers pour amorcer leurs palangres (voir cet article). On en sale une petite quantité pour être ensuite vendues à Marseille principalement, pour les amateurs de pêche à la ligne. Assez souvent les pêcheurs en prennent de trop malgré eux et sont obligés, ne pouvant les vendre, de les rejeter à la mer, de là des imprécations principalement au sujet des demi-mailles occasionnées au filet par le démaillage de ces poissons, qui ont la tête très dure.

La saison pour la pêche à l'anchois commence vers le 15 avril pour se terminer vers le 15 août. Cette espèce, entièrement destinée à la salaison, ne vaut pas grand chose consommée fraîche, mais elle se vend assez cher : 0 fr. 40 le kilo en gros, au saleur. (Voir à ce sujet l'art. « Bœuf », § 11, « Saison de pêche »).

Les pêcheurs d'Algérie, qu'ils me permettent de le leur
dire, fêtent trop de saints ; bien souvent le poisson donnant
bien ils restent à terre au lieu d'en profiter et de suivre en
cela le sage précepte : Quand les oiseaux passent, il faut les
prendre ; une fois passés, allez les chercher.

Ceux du midi de la France ne regardent pas autant le ca-
lendrier ; quand le poisson donne ils en profitent et fêtent
pendant les jours de mauvais temps, qui sont déjà bien nombreux. Le 14 juillet même, quand la pêche en vaut bien la
peine, est continué à être fêté en mer pendant la nuit sur
le lieu de pêche par des illuminations, lancement de
fusées, etc...

12° *Parages de pêche par ordre d'importance, quantités de
sardines, d'allaches et d'anchois pendant une année
moyenne :*

PARAGES, de	SARDINES Kil.	ALLACHES Kil.	ANCHOIS Kil.
Philippeville....	825.000	110.000	212.000
La Calle........	485.000	8.200	108.000
Cherchell.......	325.000	4.500	5.000
Castiglione......	295.000	38.000	125.000
Oran...........	225.000	250.000	4.500
Alger..........	205.000	185.000	85.000
Collo..........	190.000	8.000	9.500
Beni-Saf.......	70.000	1.500	10.000
Djidjelli.......	85.000	2.800	25.000
Bône..........	65.000	28.000	4.000
Bougie........	35.000	1.500	15.000
Arzew.........	55.000	135.000	»
Dellys.........	15.000	500	»
Ténès.........	25.000	250	1.800
Mostaganem....	20.000	850	900
Nemours.......	25.000	1.600	8.000

PRIX MOYEN LES 100 KILOS

Sardines de maille...... 16 fr. ; Sardines de lamparo...... 12 fr.
Allaches...... 10 fr. ; Anchois...... 42 fr.

13° *Gain des pêcheurs et rapport du capital.* — Ayant à
peu près étudié le tout, nous allons maintenant voir le gain
des pêcheurs et ce que rapporte au propriétaire le bateau
avec ses engins de pêche, ayant, comme nous l'avons dit au
§ 4, une valeur de 2.200 francs. Les hommes pratiquant cette

pêche, 5 par bateau, gagnent d'une manière générale, pendant la campagne, qui a une durée de six mois, 500 francs nets environ. Si la principale partie de la nourriture de l'équipage est faite en commun à bord, ce qui est le cas presque général en Algérie, l'armement retire quatre parts, les frais d'approvisionnement pendant la semaine étant retirés du produit total de la pêche avant tout partage, qui a lieu chaque samedi soir ou dimanche matin ; mais si les hommes de l'équipage se nourrissent à leurs frais, l'armement ne retire alors que trois parts : deux pour les filets et une pour le bateau. Cela revient presque au même. La propriété retirant quatre parts, c'est donc 2.000 francs qu'elle a rapportés. De cette somme il faut nécessairement déduire les frais d'entretien du bateau, d'achat d'une pièce de filet au moins par an et valant 285 francs ; de fil pour le raccommodage, etc., des filets, teinture et autres frais. Ces dépenses peuvent se monter à 800 francs environ, soit une somme nette de 1.400 francs que le capital de 2.200 francs a rapportée quand la campagne a été passable, déduction faite de la part de l'équipage (2.500 fr.). Le rapport total de la campagne est donc de 4.500 francs. Nous ajouterons que si le même bateau possède outre le seul sardinal, un deuxième jeu de filets à mailles plus petites pour la capture des anchois, ainsi que le lamparo et le tartanon, le premier valant 1.140 francs ; le deuxième 750 et le troisième 150, il pourra, à la suite de la campagne de la sardine et de l'anchois, se livrer à la pêche des maquereaux et des bonites pendant les mois d'août et de septembre et du poisson de fond avec le tartanon à la suite, pendant l'hiver. La propriété continuera ainsi à rapporter, sinon les hommes de l'équipage quitteront ce bateau pour s'embarquer à la pêche au bœuf ou autre pêche afin de continuer à gagner leur vie et arriver à un gain annuel de 7 ou 800 francs. Enfin, chaque homme consommant pour une valeur journalière de 0 fr. 75, la base du repas n'étant généralement que du poisson, et en tenant compte des jours de mauvais temps, pendant lesquels chacun se nourrit dans sa famille, soit dans l'année 275 jours à 0 fr. 75 = 206 francs, le gain total annuel peut atteindre la somme de 1.000 francs. La propriété composée du bateau, de deux jeux de filets sardinals, d'un lamparo et du tartanon, le tout ayant une valeur de 4.240 francs, a produit un bénéfice net de 2.000 francs, soit le 50 pour 100, environ.

14° *Salaison des sardines et des anchois. — Ateliers.* — Les neuf dixièmes des sardines et la totalité des anchois vont à la salaison. Les ateliers de salaison sont nombreux sur la côte algérienne. Nous citerons notamment les centres de La Calle, Stora, Philippeville, Collo, Alger, Castiglione, Cherchell et Mers-el-Kébir. Depuis quelques années des pêcheurs se rendent à Nemours, où il se créera certainement des ateliers si l'écoulement pour la vente est facile.

a) *Mode de salaison.* — Le mode de salaison le plus usité en Algérie est évidemment l' « *Italien* » ; les sardines et les anchois sont, à l'arrivée à l'atelier, avant tout, mis sur les saloirs d'où les femmes les prennent pour les étêter ; l'étêtage a lieu de la manière suivante : On arrache la tête jusqu'aux ouïes en passant l'extrémité du pouce de la main droite sous la joue de droite ; la sardine proprement étêtée doit être ainsi : et non arracher tout le dessus de la tête en même temps ; les intestins ne doivent pas être enlevés.

L'étêtage des anchois se fait de la même façon, mais les intestins trop amers et noirâtres doivent s'enlever en même temps que la tête ; puis, comme pour les sardines, on les lave dans de la saumure vierge, de l'eau quelque peu salée, et on les passe aux saleurs et saleuses. Le lavage a le grand inconvénient d'enlever le peu d'écailles restant au poisson, de l'étriper davantage et de soustraire encore un peu de jus de la chair qui devrait rester pour former la saumure, une fois le poisson définitivement logé dans le baril. En somme, ces mêmes poissons doivent se manier délicatement et le moins possible.

b) *Logement dans les barils ou dans les bailles.* — Les saleurs et saleuses embarillent ces poissons, préalablement saupoudrés de sel, en rangs serrés et à plat ; chaque couche est recouverte d'une couche de sel ; quand le baril est plein le poisson est alors fortement pressé et le vide produit par le tassement est ensuite comblé et le tout noyé avec de la saumure. Au bout d'une dizaine de jours la marchandise est prête pour la vente.

A ce mode de salaison, on ne met que la quantité de sel calculée à 15 kilos environ par 100 kilos de poisson salé, de manière qu'il fonde presque tout afin que le poisson se trouve « carne à carne » (chair à chair). C'est la salaison dite *sicilienne*, très parfumée, mais qui doit être consommée dans l'année, sinon le poisson s'échauffe faute de saumure, le tout formant presque un bloc.

c) *Vente*. — Cette salaison se vend en grande partie au marché de Livourne (Italie), d'autres parties dans le Levant à : Le Pirée, Constantinople, Smyrne et ailleurs. Depuis quelques années une bonne partie se vend en France, à Collioure (Pyrénées-Orientales), grand centre de salaison, et où les saleurs s'empressent d'enlever l'anchois des bailles reçues et de le saler à la française (voir cette partie), après l'avoir laissé macérer quelque peu dans de la saumure pour lui faire reprendre un peu sa forme ronde. Enfin, ces bailles, d'un poids brut de 55 à 58 kilos se vendent, l'une, les sardines de 18 à à 20 francs, les anchois de 45 à 55 francs, suivant qu'il y a pénurie ou abondance.

On sale également, mais les sardines seulement, pas si pressées et de champ au lieu de à plat et seulement aussi dans des barils forme tonnelet ; dans ce mode le sel, qui est un peu plus abondant, est toujours teinté avec de la poudre de cinabre. C'est ainsi que l'on procède, surtout à Cherchell où la salaison des sardines (on ne prend pas d'anchois dans ces parages), est principalement vendue aux marchés de Marseille, de Nîmes, d'Avignon et dans leurs régions. Cette salaison doit être aussi consommée dans l'année, sinon le poisson, qui n'est pas assez baigné par la saumure, comme dans la mode sicilienne, s'échauffe également. Les prix sont de 35 francs environ les 100 kilos, brut pour net, avec un rabais de 10 % sur le poids, marchandise prise à quai d'expédition.

d) *Provenance des barils dits bailles siciliennes*. — Anciennement la totalité de ces barils provenait d'Italie ; depuis quelques années (10 ans environ) on en fabrique une bonne partie sur place, mais les douves proviennent toujours de Trapani (Sicile). La baille seule vaut 2 fr. 50. Le couvercle ou fond supérieur, tenu par quelques clous, est toujours à jour. Ces récipients sont fabriqués de telle sorte qu'ayant les douves droites on peut, sur place, à la demande de l'acheteur, en les retournant sans dessus dessous, en vider le contenu formant bloc, sans qu'il se désagrège, pour s'assurer si le tout est bien la marchandise demandée ; puis on coiffe le bloc et on remet la baille droite. Cette opération est exigée quelquefois et pour quelques bailles seulement prises au hasard, quand les acheteurs ont à faire à des vendeurs dont ils croient devoir se méfier. En effet, à plusieurs reprises, surtout des pêcheurs salant en même temps leur produit, n'ayant pas assez d'anchois pour compléter les deux ou trois dernières bailles, n'hésitaient pas à y mélanger dans l'intérieur quelques couches de sardines et même une forte couche de sel. Ces tromperies, qui ont occasionné tant de procès, ont à peu près disparu.

Les dits acheteurs enfoncent également, parfois, dans la baille une baguette en bois très mince qu'ils passent ensuite sous leur nez, s'assurant ainsi du bon parfum ou si la salaison est échauffée.

e) *Barils forme tonnelet provenant de France.* — Ces barils, tous en chêne et d'un poids de 30, 40 et 60 kilos brut, bien pleins, se fermant hermétiquement, sont achetés à Marseille et à Collioure, près Port-Vendres. Au fond supérieur est une bonde par laquelle on donne à boire, c'est-à-dire qu'on complète en saumure.

f) *Sel.* — Il y a environ quinze ans, tout le sel arrivait de Trapani par de petites goëlettes italiennes ; une bonne partie était logée dans des bailles, décrites déjà, et destinées à recevoir du poisson. Ce sel marin est de qualité supérieure.

Depuis on en fait venir de France : sel marin de Mèze et du Bagnas, près de Cette, direction des Salines à Montpellier. Ce sel, quoique inférieur comme force à celui de Trapani, mais d'excellente qualité et meilleur marché, se vend de 37 à 46 francs les mille kilos, suivant le grain demandé : fin, demi-fin ou gros.

g) *Le sel gemme d'Arzew* (Algérie), saline naturelle, n'est pas usité pour la salaison du poisson, qu'il rend noirâtre, et malgré la quantité en plus de la règle, il fond toujours tout, ce qui ne doit pas être. Depuis qu'on use du sel de Cette, qui revient également à meilleur compte, celui d'Arzew, dont les saleurs se servaient quelque peu autrefois, est complètement abandonné, ainsi qu'actuellement celui de Trapani, coûtant trop cher par suite des droits d'entrée.

Du sel de Trapani, il en faut : 20 kilos environ par 100 kilos de poisson ; de Cette 25 kilos et d'Arzew 40 kilos au moins.

Salaison à la Française. — Ce mode de salaison n'est pas du tout en usage en Algérie. Les saleurs du Midi de la France, dont le plus grand centre est Collioure (Pyrénées-Orientales), où ces industriels nombreux possèdent de grands ateliers bien aménagés existant depuis des centaines d'années et auxquels saleurs l'Etat a donné certaines facilités quant aux droits sur le sel (1), ont un mode de salaison spécial très renommé, même jusqu'aux marchés d'Amérique. Les grandes maisons de gros : de Paris, de Bordeaux et de toutes parts, s'approvisionnent en salaison presque exclusivement à Collioure.

Les pêcheurs de ce centre sont accoutumés, premièrement, à démailler plus délicatement les sardines et les anchois, aidés en cela par le poisson lui-même, qui est plus gros et a la chair plus ferme que celui d'Algérie. Leurs bateaux plus forts et tous pontés permettent ainsi de laisser tout le poisson sur le pont et de le laver presque tout vivant, si cela est nécessaire ; l'eau repart à la mer par les dallots. Tandis que dans les bateaux non pontés d'Algérie, le poisson restant au fond de la cale ne peut être lavé et souvent une partie baigne dans l'eau sale d'entre les membrures.

Les saleurs Français n'ont par suite, après l'étêtage, pas à laver ni les sardines ni les anchois comme doivent le faire leurs collègues d'Algérie ; les écailles restent donc presque toutes au poisson et l'on ne trouve pas, comme à la salaison italienne, des grains de sel incrustés dans la chair dépourvue d'écailles et souvent aussi de la peau argentée. La mise en barils, travail exclusif des femmes, se fait le poisson le plus frais possible ; les sardines ainsi que les anchois, préalablement enfarinés aussi de sel, sont rangés par couches serrées, de champ le dos en haut. Après chaque rangée on les recouvre d'une épaisse couche de sel qui est toujours rougi de poudre de cinabre. On met la quantité de sel nécessaire afin que quand une partie est fondue, il en reste encore assez pour que chaque poisson en soit séparé des autres ; de cette façon la saumure pénètre bien et chaque poisson en étant toujours baigné, la salaison ne s'échauffe jamais et peut se conserver pendant plusieurs années.

Le poisson n'est pas fortement pressé non plus, comme en Algérie, mais simplement appuyé de la main, conservant ainsi sa forme naturelle ronde (dans la salaison italienne le poisson est aplati). La saumure aussi, au lieu que ce soit de l'eau et du sel, c'est le jus et le sang mêmes du poisson, et dont une partie se fait dans le baril même quand le poisson y est salé définitivement et l'autre par le sang coulant du saloir où le poisson est premièrement mis pour être étêté. Ce

---

(1) Le sel exempt d'impôt est délivré en franchise (loi du 17 juin 1840, art. 12, décrets des 23 et 28 juillet 1883).

sang précieusement recueilli est logé dans de grands fûts et salé à point ; après s'être clarifié et devenu jaune clair, on s'en sert pour donner à boire aux barils, déjà foncés, par la bonde du fond supérieur. Cette saumure a la propriété de parfumer davantage la salaison, qui est supérieurement fabriquée.

A Collioure, à Saint-Laurent-de-la-Salanque, à Agde et à Cette, principalement, la sardine qui est capturée à l'aube du soir et qui n'est portée à terre que le lendemain matin, va entièrement à la salaison. Elle se vend jusqu'à 50 francs les 100 kilos (ou 25 francs les 50 kilos selon l'habitude de là-bas) et est logée dans des barils en bois blanc pesant brut pour net : 5, 10,, 12, 15, 17 et 25 kilos, et aussi dans d'autres barils en bois de chêne, forme tonnelet, pesant toujours brut pour net : 30, 40 et 60 kilos. Ces récipients sont fabriqués sur place.

La sardine du matin, qui se vend jusqu'à 100 francs les 100 kilos, est, aussitôt les bateaux arrivés à terre, vers 7 et 8 heures du matin et la vente faite, mise par les acheteurs qui sont nombreux, dans des paniers bas mesurant 0^{m}80 en carré et dans de légères caissettes, saupoudrée à mesure légèrement de sel fin. Ces paniers et caissettes contenant au plus 20 kilos sont expédiés dans la matinée même par chemin de fer sur Toulouse, Bordeaux et autres grandes villes, où elle est consommée fraîche. Quand la pêche est trop abondante, une partie de cette sardine du matin est acquise par les saleurs à des prix abordables, car naturellement dans ce cas le prix baisse.

L'anchois se vendant toujours bien plus cher et allant entièrement à la salaison, est logé dans les mêmes récipients. Les prix de vente des pêcheurs aux saleurs sont en général de 70 à 80 francs le petit quintal de 50 kilos, et montent même, quand la pêche est médiocre, jusqu'à 100 francs ou 2 francs le kilo.

Les sardines et les anchois ne se capturent qu'à la maille, les lamparos n'existent pas en France ; les meilleures sardines pour la salaison sont, comme nous l'avons dit, celles capturées du mois d'avril au 15 juin, ne donnant pas de rouille et 35 environ allant au kilo, ce qui fait bien l'affaire pour la vente au détail chez l'épicier, qui peut en donner 2 pour un sou, tandis que plus grandes, 2 au sou c'est trop, et une pas assez.

Pour l'anchois ne faisant pas de rouille, 50 vont généralement au kilo. Ces poissons confits, surtout l'anchois, font d'excellents hors-d'œuvres ; réduits en pâte, ils relèvent les sauces, etc.

Enfin, aux saleurs sérieux de France et aussi d'Algérie, les banquiers n'hésitent pas à ouvrir un compte, sachant qu'ils se font un bénéfice de 20 % au moins sur les affaires.

16° *Sardines pressées.* — Outre la salaison, ces mêmes saleurs font des sardines pressées, qu'on appelle côtelettes d'Espagne. Manière de procéder :

On prend les sardines les plus fraîches et les plus grosses de n'importe quelle saison, et on les met premièrement, sans autre préparation préalable, dans de grands baquets d'eau douce fortement salée, d'où on les retire 3 ou 4 heures après, pour les ranger dans de petits baquets en bois blanc et à jour, et dans lesquels on les presse fortement au moyen d'un appareil. Cette opération est simple et facile.

17° *Usines à friterie. Sardines à l'huile.* — Des friteries pour sardines à l'huile existent à Mers-el-Kébir, Cherchell, Aïn-Taya, Collo et Philippeville. Il en existe plusieurs à Castiglione et à Bou-Haroun, qui sont très prospères.

Voici le mode de procéder pour la friterie :

1° Les sardines toutes fraîches sont coupées au-dessous des ouïes, au moyen d'un couteau. Le couteau doit être bien aiguisé pour qu'il ne déchire pas la peau.

2° Elles sont ensuite jetées à mesure dans de gros baquets contenant d'avance de l'eau avec du sel et où on les laisse pendant 2 ou 3 heures, se raffermir et prendre le goût du sel.

3° Sont ensuite rangées sur des grils doubles qu'on expose après à l'air pendant un temps suffisant, pour s'égoutter et sécher.

4° On trempe le gril dans un chaudron d'huile bouilllante d'où on le retire quand les sardines sont devenues dorées par la cuisson.

5° Les ouvrières les rangent ensuite dans les boîtes de dimensions diverses.

6° Un ouvrier prend les boîtes et les dépose au-dessus d'une caisse contenant de la bonne huile d'olives ; un autre les remplit après y avoir ajouté, soit un peu de confiture de tomates, une feuille de laurier sauge et quelques clous de girofle.

7° De là, les boîtes sont apportées au soudeur pour souder le couvercle supérieur.

8° Quand une provision de 2.000 boîtes environ est soudée (nombre suivant l'importance de l'usine), on en remplit un panier en fer qu'on hisse ensuite au moyen d'un palan, à chaîne sans fin, à hauteur voulue. La poulie supérieure du palan glisse, au moyen de deux galets, sur un chemin de fer fixé au plafond, et on accompagne à la grande chaudière le panier, que l'on noie dans l'eau bouillante. — Après cette nouvelle cuisson, qui dure pendant 2 ou 3 heures, le dit panier est relevé, sorti de l'axe de la chaudière et le contenu vidé sur le sol. Les boîtes sont alors essuyées avec de la sciure de bois, et mises en caisse après y avoir ajouté la clef. Après clouage du couvercle, le tout est prêt pour l'expédition. Quand, pendant l'essuyage, on s'aperçoit que quelque boîte est restée plate (le dessus et le dessous), c'est qu'il y a eu fuite, la soudure du couvercle n'ayant pas été bien faite, car, au sortir de la chaudière, les deux couvercles doivent être gonflés. Celles mal soudées sont repassées aux soudeurs (à ceux qui les ont soudés, car chacun raye les siennes d'un signe particulier) qui les ressoudent, après avoir été de nouveau remplies d'huile.

Pour se tirer d'affaires, l'usinier doit acheter les sardines de maille (sardinal) dans les prix maximum de 16 à 18 francs les 100 kilos ; de lamparo, de 12 à 14 francs. Les sardïnes capturées par le lamparo n'étant pas régulières, on doit faire un triage, car les petites et les grandes ne peuvent aller ensemble.

Des usines, dont le tout marche mécaniquement, par la vapeur, jusqu'à la soudure même des boîtes. Une existe à Tabarka, parage excellent de la côte tunisienne, pour la quantité et la bonne qualité des sardines.

Il en existe également une à Castiglione depuis deux ans.

N° 2 LAMPARO ET RETZ-VOLANT

(FILETS FLOTTANTS)

Nom local de l'engin. — *Lamparo* ou Lampara (qui veut dire « éclair ») ; *Volante* pour Retz volant (voler, aller très vite au calage).

1° *Description, dimensions, mailles, lest, etc.* — Filets à simple nappe composés de deux ailes et d'une poche formée par la ralingue inférieure.

Lamparo (fig. 1). — Longueur de la ralingue du liège, les deux ailes ensomble : 180 mètres (A A A).

Longueur de la ralingue du plomb : 120 m. (B B B).

Hauteur des ailes, près de la poche : 15 m. (C C).

Lest par mètre courant : De 50 à 60 grammes (E).

Dimensions des mailles : F 45 centimètres en carré ; G 27 centimètres ; H 12 centimètres ; I 5 centimètres ; J 40 millimètres ; K 11 millimètres, partie la plus fine de la nappe ; L 11 millimètres, mais le fil de cette partie est le plus fort de tout le filet.

Retz volant (fig. 2). — A les mêmes dimensions de mailles que le lamparo, mais il est de quelques mètres plus grand en longueur et en hauteur et a la même destination. Les deux bouts de ligne AA joignent après avoir été faufilés dans les mailles B, les deux parties C C et l'engin forme ensuite poche à la ralingue inférieure comme au lamparo.

2° *Provenance, fabrication, matière employée.* — Ces engins, inconnus en France, proviennent d'Italie où l'on s'en sert depuis très longtemps et où ils sont fabriqués. Ils sont définitivement montés par les pêcheurs mêmes en joignant les diverses parties de la nappe qui les composent et qui sont pré-

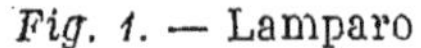

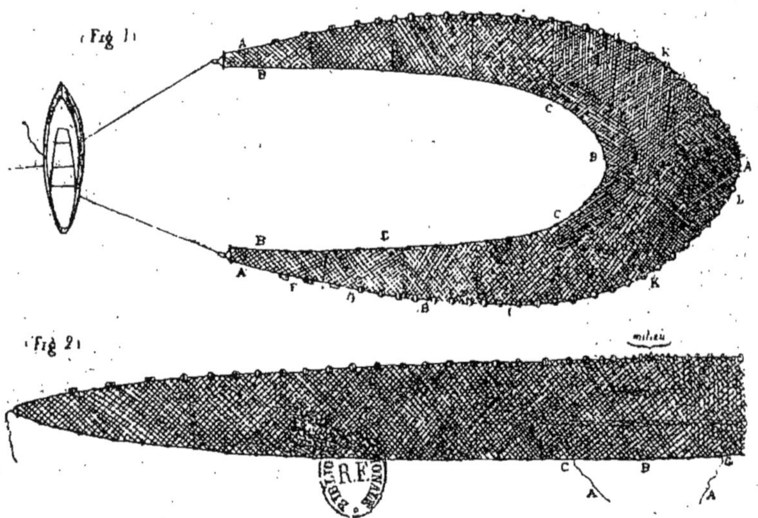

Fig. 2. — Retz-volant

parées d'avance. Le montage est très délicat, surtout à la partie J K formant poche et qui est aussi la partie la plus vaste, le fil est fin comme au sardinal. Le fil de la partie L est beaucoup plus fort, cette même partie où le poisson est ramené finalement doit être solide pour pouvoir embarquer le contenu d'un seul coup quand il y a peu de sardines, d'allaches, de maquereaux ou de bonites. On y puise dedans quand il y a bonne pêche (voir fig. 5). Le fil des mailles des ailes est également plus fort. La matière employée est le lin pour les mailles fines et le chanvre pour les grandes mailles et les ralingues.

3° *Valeur de l'engin.*— Ces deux filets, lamparo ou retz volant, suivant leurs dimensions, ont une valeur de 500 à 850 francs, y compris les cordes en herbe servant au halage. Le bateau est le même que pour la pêche au sardinal (fig. 3 du n° 1).

4° *Espèces qu'il sert à capturer.* — Les sardines et les allaches principalement, puis les maquereaux, les bonites et les aiguilles. Parfois des mulets, quelques saurels, des bogues et des étoiles s'y laissent prendre.

5° *Conservation, séchage, ramendage et teinture.* — Mêmes soins que pour le sardinal (§ 6 du n° 1).

6° *Lois, décrets, arrêtés, etc., en vigueur.*— L'emploi de ces deux engins est autorisé pendant toute l'année, de nuit comme de jour (art. 11 du décret du 2 juillet 1894), sauf dans les syndicats d'Alger, de Castiglione et de Cherchell pour le quartier d'Alger, et dans d'autres syndicats du quartier d'Oran où leur usage est interdit pendant les mois de février, mars et avril. Ces filets ne peuvent être calés qu'à 300 mètres au moins des filets des autres pêcheurs (art. 7 de l'arrêté du 5 juillet 1894 concernant l'exercice de la pêche dans les quartiers.

Ces mêmes engins sont classés dans la deuxième catégorie « filets flottants » (art. 13 du décret du 2 juillet 1894 sur la police de la pêche maritime côtière en Algérie.

L'art. 15 de ce même décret n'est pas applicable, les dimensions de l'engin et des mailles étant réglementées par l'art. 7 de l'arrêté du 5 juillet susdit (voir § 1, Description...).

7° *Description du mode d'emploi. Manière de pêcher.* — La pêche au Lamparo et au Retz volant n'a lieu, d'une manière générale, que pendant les nuits sombres (sans lune ou temps couvert) et toujours par beau temps. Quand il y a de la mer, du clapotis ou forte brise, la pêche ne peut avoir lieu, car, pour être cerné, le poisson doit être vu sur l'eau par la phosphorescence qu'il produit. Pendant les nuits claires, la capture ne peut non plus avoir lieu le poisson voyant clair se débandant. Mais, pendant le jour et pendant les nuits claires d'hiver, les pêcheurs profitent du trouble des eaux à la suite du débordement des fleuves et des rivières et aussi après les forts coups de mauvais temps troublant également l'eau, sur les côtes sablonneuses, jusqu'à un mille au large environ.

La pêche au lamparo et au retz volant est un rude travail de nuit ; les équipages des bateaux sont forts de huit hommes robustes et accoutumés à ce dur métier.

En action. — Sitôt qu'un banc de poisson est aperçu, on mouille premièrement le grappin (fig. 3, A) ; puis on jette à la mer la bouée, qui est souvent un baril, fixée à l'orin (B). Après avoir amarré au dit orin l'aussière (C) le bateau part et en un clin d'œil le poisson se trouve entouré par l'engin qui forme une grande circonférence ; le bateau revenu à son point de départ reprend ladite aussière (C), se place comme il est démontré et le halage commence immédiatement. Pendant qu'on hâle sur les deux ailes, un homme mollit à mesure la ligne du grappin (A) qui se trouve au bord opposé. Le bateau va vers le filet et non le filet vers le bateau qui, ayant les deux ailes à bord (fig. 4), et arrivé au point (D), la ralingue du plomb est saisie ; le poisson se trouve alors définitivement pris dans cette partie de l'engin formant une vaste cuvette (fig. 5).

Les alevins ont eu cependant le temps de s'échapper par les mailles de 0,40 de la ralingue plombée (partie J de la fig. 1), et quelque peu par celles de 11 millimètres.

La même opération est recommencée à plusieurs reprises et, bien entendu, le poisson n'est pas toujours capturé, ayant des fois eu le temps de s'esquiver en revenant vers les ailes ou ayant piqué au fond.

Cet engin nécessite des pêcheurs qui l'emploient une très grande activité et une parfaite connaissance des habitudes des poissons migrateurs. Ces deux filets n'étant employés qu'au large des côtes et ne capturant que des poissons de passage ne peuvent être considérés comme destructeurs.

De temps en temps des marsouins poursuivant le banc de sardines cerné se laissent prendre, un ou deux au plus, et les pêcheurs s'efforcent de les capturer en vue de la prime de

Fig. 3. — Lamparo ou Retz-volant calé.

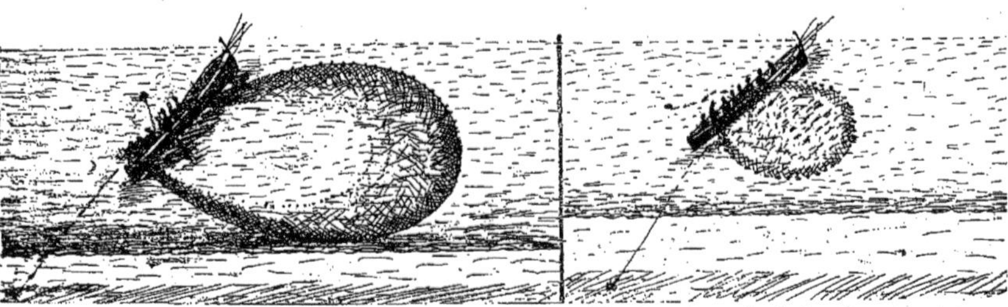

Fig. 4. — Halage.

Fig. 5. — La poche formant cuvette où le poisson est définitivement pris.

10 francs par tête qui est accordée (voir art. *Marsouins*), mais cinq fois sur dix ces animaux malfaisants s'échappent en bourrant dans la nappe fine ou en la déchirant par leur propre poids, quand l'eau leur manque. Par la déchirure peut alors s'échapper une quantité de sardines ou autres espèces qui avaient été capturées.

8° *Procédés de pêche interdits.* — La forme et la délicatesse de ces deux filets ne permettent guère de les déformer pour s'en servir à un autre genre de pêche auquel ils ne sont pas destinés. Si à quelques points de la côte on adapte entre la ralingue plombée et les mailles de 11^{mm}, et à la place des mailles de 40 centimètres (partie J de la fig. 1) des parties de filet traînant pour former en quelque sorte un tartanon, pendant la période d'interdiction de cet engin traînant de la deuxième série, ce ne peut être qu'avec des lamparelles, petits lamparos en loques ; mais rien qu'avec les espèces capturées tout le monde s'aperçoit de la substitution. Outre qu'ils ne font guère fortune, ces fraudeurs sont souvent pris et condamnés en vertu des art. 7 et 8 de la loi du 9 janvier 1852 et 7 et 15 du décret du 2 juillet 1894 sur la police de la pêche côtière.

9° *Pêche au feu.* — C'est avec le lamparo et le retz volant que se pratique parfois et en contravention la pêche au feu, *qui est absolument interdite par l'art 23 du décret du 2 juillet 1894*, susdit, le délit est punissable de 25 à 125 francs d'amende ou d'un emprisonnement de 3 à 20 jours par l'art. 7, § 3, de la loi du 9 janvier 1852.

C'est de ces deux engins seulement que les contrevenants se servent pour capturer : les sardines, les allaches et surtout les maquereaux et les bonites pendant les mois d'août et de septembre, pendant les nuits sombres et par calme plat.

Deux bateaux sont nécessaires à ce travail clandestin ; souvent aussi trois ou quatre patrons s'associent pour profiter ensemble du seul feu du bateau qui l'alimente. Voici comment l'on procède (voir fig. 6 et 7) : Les pêcheurs se rendent, à l'entrée de la nuit, vers les parages où par habitude ils savent que se tiennent les espèces à capturer ; l'un des bateaux a à bord une provision de bois qui est mis à mesure sur un gril poussé au moment voulu en dehors de l'avant du bateau, le feu y est maintenu vif en arrosant le bois de pétrole. Des pêcheurs possèdent même un appareil, construit expressément, contenant une bonne provision de pétrole et brûlant une grosse mèche. Cette pêche a lieu le plus loin possible des centres de surveillance.

Le poisson, attiré par la clarté du feu, ne tarde pas à paraître sur l'eau et les pêcheurs agissent aussitôt en entourant le grouillement qui se produit.

Quand deux bateaux seulement sont associés, la capture du poisson a lieu comme il est démontré à la figure 6 ; quand ils sont trois ou quatre, fig. 7.

La pêche au feu, qui a lieu de 3 à 6 milles au large, est pratiquée principalement pour la capture des maquereaux et des bonites. Il arrive souvent qu'on cesse la pêche une heure après, le bateau étant chargé dans deux ou trois coups de filet.

L'effet de la lumière fait également monter à la surface quelques espèces sédentaires, même par des fonds de 20 mètres, telles que : raies, pagels, seiches, poulpes et autres, mais peu certainement.

Ces pêcheurs récalcitrants, souvent devant les tribunaux correctionnels, ne manquent pas chaque année, pendant les dits mois d'août et de septembre, de se livrer à ce mode de pêche interdit, sachant qu'ils ne peuvent guère être pris par les moyens actuels de surveillance, dans certaines parties de la côte ; car, opérant pendant les nuits sombres et par temps calme, la moindre approche produisant toujours quelque bruit, est perçue car on veille. Ainsi le garde-pêche à vapeur, quoique avançant ayant les feux masqués, s'il n'est vu, est entendu par le bruit de sa machine. En appuyant l'oreille sur la lisse du bateau, le pêcheur entend très bien le bruit, quoique produit à quelques milles de distance, l'eau étant bon conducteur, et, suivant l'intensité, on se presse ou non de relever les filets ; le feu est déjà éteint et les bateaux, qui sont bien effilés, armés de six avirons de pointe, filent dur. Le garde-pêche étant sur les lieux, le bateau chargé du gril, du bois et du pétrole rallie la terre pour mettre ces objets en lieu sûr et revient continuer la pêche comme les autres, sans feu, et avant que le jour se fasse tout le monde est rentré au port. Hors ces cas rares, le lamparo et le retz volant ne détruisant ni les fonds, ni les espèces sédentaires, mais capturant seulement les espèces de passage, sont des engins très utiles qui permettent, pendant la saison d'hiver, aux pêcheurs qui en usent de gagner quelques sous pour se maintenir jusqu'à la bonne saison et aux palangriers d'amorcer leurs lignes avec les allaches capturées et aussi d'approvisionner quelque peu la poissonnerie d'espèces dont le prix est abordable. Le sardinal ne pêche pas pendant l'hiver.

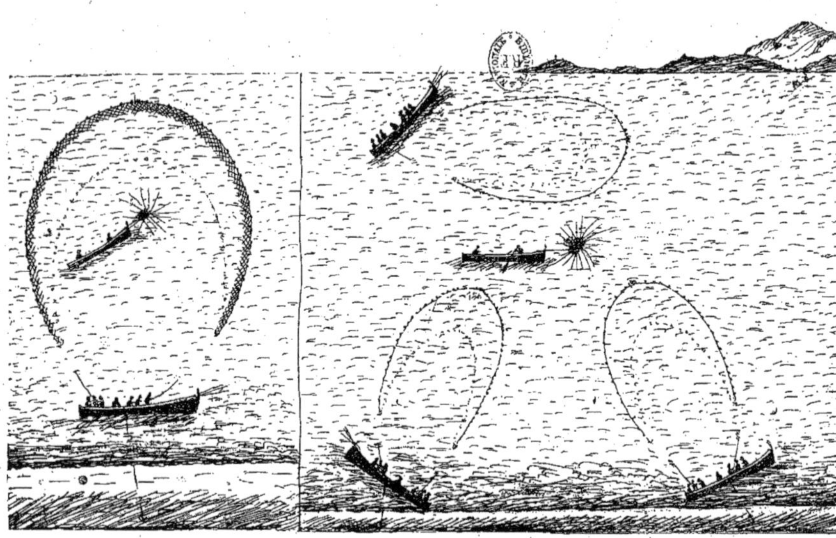

Fig. 6. — Deux bateaux, l'un portant le feu, l'autre cernant le poisson.

Fig. 7. — Quatre bateaux, l'un portant le feu, les autres cernant le poisson.

Pendant les coups de mauvais temps, on sait qu'avant le lever du soleil souvent une accalmie se produit ; les lampariens en profitent pour aller précipitamment faire quelques calées avant que le fort temps reprenne.

Ils capturent toujours quelque peu de sardines maigres d'hiver, des allaches, quelques maquereaux perdus, des bogues et aussi quelques saurels que dans le midi de la France on appelle des « Gascons ».

10° Le *Lamparo* et le *Retz volant* ne capturent le poisson qu'en tas, les sardines et les allaches ne sont pas maillées comme au sardinal, quelques-unes seulement de petites se prennent aux mailles de 11 millimètres de la poche.

La vente a lieu à l'encan, dans les mêmes conditions que la sardine prise au sardinal.

Les parages pour cette pêche sont tous les centres de pêche de la côte ; ceux d'Oran, d'Alger, d'Arzew et de Philippeville sont en tête pour l'allache.

La bonne saison de pêche pour ces engins est, avons-nous dit, pendant les mois de février, mars et avril. Une partie des sardines vont à la salaison, mais ne valent pas celles capturées à la maille, parce que le poisson n'est pas régulier et conserve peu d'écailles ; dans ce cas, il est peu propre pour la salaison.

Le gain des pêcheurs et le rapport du capital sont indiqués au paragraphe 13 de l'art. « sardinal ».

DEUXIÈME PARTIE

FILETS FIXES

N° 3 TRÉMAIL

(FILET FIXE)

Nom local de l'engin. — Trémail (ou trois-mailles ayant trois nappes).

1° *Description, dimensions, mailles, lest.* — Filet fixe à trois nappes, mesurant en longueur : 40 mètres au plus ; en hauteur ou chute, 1 mètre 20. La nappe intérieure, qui a 250 mailles dans le sens de la hauteur, forme des poches ; ces mailles, de 20 millimètres en carré, ne sont pas tendues, la hauteur de 1 m. 20 étant maintenue par les deux nappes extérieures qui ont chacune 12 mailles seulement, de 10 cent. en carré, en hauteur. La ralingue plombée porte 120 grammes de lest par mètre courant. Cet engin est inoffensif.

2° *Provenance, fabrication, matière employée.* — Ce filet, qui est monté sur place par les pêcheurs eux-mêmes, comporte deux ralingues auxquelles sont enfilés d'avance les lièges et les balles de plomb ; les trois nappes y sont ensuite fixées ensemble en même temps. La nappe intérieure, dont le fil est en lin ou en coton, arrive toute fabriquée d'Italie ou de France ; elle est actuellement toujours faite à la mécanique et les mailles en sont bien plus carrées que fabriquées à la main. Les deux nappes extérieures, dont le fil plus gros est en chanvre, sont toujours fabriquées à la main, étant grandes.

3° *Valeur de l'engin, du bateau et des accessoires.* — Cet engin, qui est composé de 20 à 35 pièces, de 40 mètres l'une, jointes bout à bout (AA fig. 1), a une valeur qui varie selon le nombre de pièces employées. L'engin, composé de 35 pièces, a une valeur de 1.200 francs environ.

Le bateau, tout gréé et muni des accessoires, coûte de 5 à 600 francs ; il présente divers gabarits et, en certains points de la côte, on se sert même de bettes dans le travail

A   A'

$\overline{Fig.\ 1}$

Trémail. — Une pièce

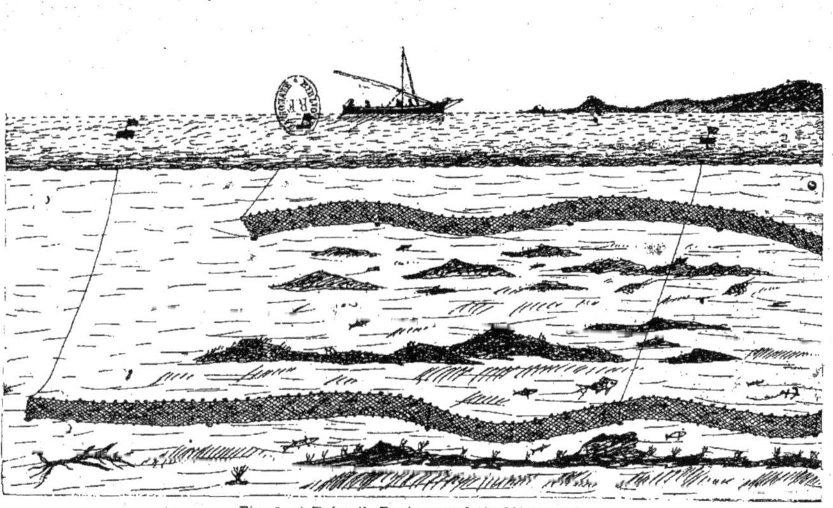

Fig. 2. — Trémail. Engin complet calé au fond.

peu sérieux. On peut donc bien travailler avec un petit avoir de 1.800 francs environ.

4° Espèces qu'il sert à capturer. — Le trémail capture : les pagels, les rougets, les rascasses, les salpes et les petites ombrines, ainsi que quelques autres espèces qui se tiennent près de la côte. Au large : des langoustes et des gros crabes s'y engagent souvent. Les baigneurs qui se laissent engager dans ce filet, risquent de se noyer.

5° Conservation, séchage, raccommodage et teinture. — Ce filet, dont le fil des mailles est assez fort, se conserve long-temps. On le met au sec de temps en temps, chaque 5 ou 6 jours, ou au lendemain de la pêche, quand le temps est mauvais. Le raccommodage est prompt et facile, les mailles étant grandes.

On le passe à la teinture une fois par mois, au plus.

6° Lois, décrets, arrêtés, etc. — L'emploi de cet engin est autorisé pendant toute l'année, de nuit comme de jour (Art. 11 du décret du 2 juillet 1894).

Sont prohibés ceux de ces filets dont la plus petite maille aura moins de 20 millimètres en carré (Art. 14 du même dé-cret). Il est classé dans la première catégorie, « filets fixes » (Art. 13 du même décret). Et l'art. 25 défend d'épouvanter le poisson autrement qu'avec les avirons, pour le faire fuir dans les filets ou troubler l'eau par des moyens quelconques (voir « Bati-bati » à la suite).

7° Description du mode d'emploi. Manière de pêcher. — Le bateau servant à l'usage du trémail est équipé de 2, 3, 4 ou 5 hommes suivant la grandeur du bateau et le nombre de pièces employées ; ces dernières sont jointes bout à bout, à mesure, en les mettant dans la cale, après le séchage, et l'engin est prêt à être calé. Les parages de pêche sont de préférence autour des rochers et aussi dans les algues, près de la côte, par des fonds de 1 à 50 mètres. L'engin est tenu au fond au moyen de cailloux du poids de 7 à 8 kilos, qui sont fixés à la ralingue inférieure, deux par pièce. Ces poids servent à empêcher le déplacement qu'occasionnerait le cou-rant, car les filets, une fois engagés dans les roches, se dé-chireraient ou ne pourraient être relevés.

Cet engin est calé généralement la veille pour être relevé le lendemain matin.

Souvent, après en avoir démaillé le poisson, il est calé de nouveau pour conserver le bon parage qu'un autre occuperait aussitôt.En hiver,il arrive quelquefois d'avoir à le laisser à la mer pendant 10 ou 15 jours, le mauvais temps persistant ne permettant pas d'aller le relever.Le beau temps revenu il est retrouvé facilement,d'après les repères pris à terre,en l'accrochant avec un croc dragué au fond, quand les flotteurs en liège ont disparu par la force du temps ou emportés par le gouvernail ou l'hélice d'un navire ou enfin tenus noyés par les courants violents se produisant après les forts mauvais temps. Dans ce cas, l'engin souffre beaucoup et un bon raccommodage et une bonne teinture s'imposent.

8° *Bati-bati.* — Ce mode de pêche, appelé ainsi par les pêcheurs algériens, est la « battue » du midi de la France. Il se compose de 3 ou 4 pièces de trémail (fig. 1) qu'on cale de nuit comme de jour, près de la côte, à proximité des roches noyées et dans les algues. Après le calage, les hommes battent la mer avec les avirons qu'ils plongent fortement dans l'eau, en contournant à plusieurs reprises l'engin ; on projette aussi, au loin, un boulet fixe à une ligne ; on tape sur la lisse du bateau, etc., apeurant ainsi le poisson qui, dans la fuite, va s'engager dans le trémail, qui est ensuite relevé. La même opération recommence un peu plus loin et à plusieurs reprises.

Ce procédé, qui a toujours lieu près du rivage, fait le désespoir des amateurs de pêche à la ligne,postés sur le rivage ou sur la pointe d'un rocher et qui traitent les tapageurs du bati-bati de toutes sortes d'épithètes,et leur lancent, dans la nuit, des projectiles ; souvent, ils pétitionnent. En principe, l'emploi des filots pour l'exercice de la pêche est réservé aux pêcheurs qui ont les charges de l'Inscription Maritime, ce qu'ignorent souvent les pétitionnaires, qui sont cependant dans leur droit à un certain point de vue, car l'art. 25 du décret du 2 juillet 1894, défend d'épouvanter le poisson autrement qu'avec les avirons.

9° *Vente.* — Les poissons capturés par le trémail et qui sont les espèces sédentaires, se tenant principalement près des rochers, étant les plus intacts et les mieux conservés, sont ceux qui se vendent le plus cher. Les poissons capturés vivants sont mis à mesure dans un vivier, consistant en un cercle rond auquel est fixé une poche de filet qui trempe dans l'eau. Le dit vivier reste pendu à un tolet, tant que le bateau n'est pas en marche.

L'écoulement du produit de la pêche a lieu vers les grandes villes du littoral et de l'intérieur ; une partie est consom-

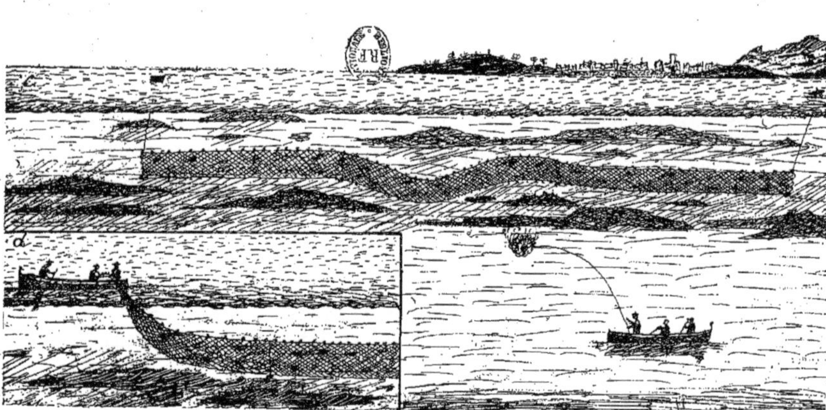

Fig. 3. — Bati-bati, composé de 3 pièces de tramail. — C) calé ; D) halage.

mée sur place, dans les petits centres ; bien peu est exporté sur Marseille.

Certains trémailleurs faisant le travail en grand, ne rallient le port pour la vente que tous les 3 ou 4 jours ou à la fin de la semaine ; ils ont emporté des caisses se fermant hermétiquement, dans lesquelles le poisson est glacé à mesure par la provision de glace emportée.

10° *Saison de pêche.* — La pêche au trémail proprement dit et au bati-bati se pratique à toute saison ; c'est le travail le plus facile et le moins fatigant. Les pêcheurs doivent bien connaître la nature des fonds et avoir une certaine adresse pour dégager le poisson entremaillé à la nappe intérieure, formant des poches.

Quand un pêcheur relevant son engin remonte en même temps celui d'un autre calé en travers sur le sien, s'il est obligé de le couper, il doit le renouer avant de le laisser retomber à la mer, mais le meilleur système en ce cas, et quand le mauvais temps ne s'y oppose pas, c'est de relever suffisamment le filet pour qu'il forme porche, sous lequel le bateau peut passer, le mât baissé, s'il en a et si possible, et de le laisser retomber à la mer par l'avant. Le pêcheur consciencieux agit ainsi, se donnant un peu de peine, afin d'éviter des dégâts au camarade, sachant le travail de la mer pénible, souvent dangereux et où l'on ne va pas s'amuser.

11° *Gain des pêcheurs et rapport du capital.*— Les pêcheurs se livrant exclusivement à la pêche du trémail, gagnent annuellement de 900 à 1.000 francs. La nourriture a lieu en commun à bord quand ils sont dehors, ce qui est la plus grande partie du temps, et en famille, quand le bateau est au port.

La propriété retire une part pour le bateau et une autre pour le filet.

L'engin qui est destiné à être calé plutôt sur les fonds rocheux, s'usant vite, doit souvent être renouvelé. Le capital rapporte le 30 pour 100 environ, net.

Nº 4 BONITIÈRE

(FILET FIXE)

Nom local de l'engin. — « Bonatoulera » en italien ; « bou-
nitoulera » en espagnol ; plus communément « tonarella »
(petite thonaire).

1º *Description, dimensions, mailles, lest.* — Filet à nappe
simple, mesurant, en longueur (une pièce) 150 mètres ; en
hauteur ou chute : 18 à 20 mètres. Nombre de mailles, en
hauteur : de 250 à 300, ayant les dimensions de 4 à 5 centimètres en carré. Les lièges de la ralingue supérieure, qui
sont assez forts, maintiennent l'engin à la surface, ou pour
mieux dire la ralingue à la surface. La ralingue inférieure
porte, par mètre courant, un lest de 30 grammes de plomb.
Le fil des mailles est assez gros.

2º *Provenance, fabrication, matière employée.* — La nappe
de ce filet provient d'Italie ou de France, mais on en fabrique
également quelque peu à la main sur place. Les ralingues
sont jointes par les pêcheurs eux-mêmes au filet, qui est
assez vite monté. La matière employée est exclusivement le
chanvre.

3º *Valeur de l'engin.* — L'engin complet, qui est composé
de deux ou de trois pièces jointes bout à bout (A) a une valeur de 1125 francs, à trois pièces valant l'une 375 francs.

Le bateau dont se servent les pêcheurs de bonites est le
même qui est décrit à l'art. sardinal (nº 1, fig. 3), servant
également aux lampariens (voir lamparo, § 3).

4º *Espèces qu'il sert à capturer.* — Les bonites, les petits
thons, appelés « bacorès » par les Espagnols, et une autre
variété se rapprochant plutôt du thon. Sert également à en-

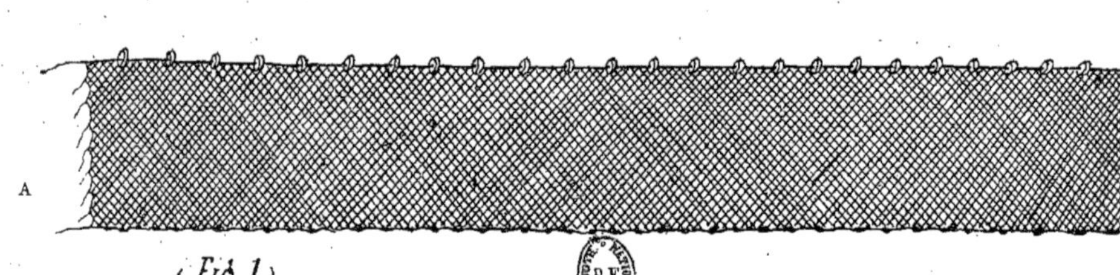

Fig. 1. — Partie d'une pièce de bonitière

tourer premièrement les gros thons, qui le sont une deuxième fois par la thonaire (voir l'art. *thonaire*).

Cet engin n'est évidemment pas destructeur des fonds, ni des espèces sédentaires.

5° *Conservation, séchage, raccommodage et teinture.* — Ce filet dont le fil des mailles est fort se conserve longtemps.On le fait sécher après chaque opération de pêche, qui est longue ; il reste parfois cinq jours à la mer. Le raccommodage en est facile, les mailles étant grandes. Et on le passe à la teinture quand cela devient nécessaire, c'est-à-dire quand le fil a perdu son brillant et devient étoupeux.

6° *Lois, décrets, arrêtés, etc.* — L'emploi de cet engin est autorisé pendant toute l'année, de nuit comme de jour. Est classé dans la première catégorie, filets fixes. Art. 11 et 13 du décret du 2 juillet 1894.

Sont prohibés ceux de ces filets dont la plus petite maille aura moins de 20 millimètres en carré. Art. 14 du même décret.

7° *Description du mode d'emploi. Manière de pêcher.* — Les armateurs de bateaux bien gréés en engins de pêche possèdent, outre le sardinal et le lamparo, la bonitière pour s'en servir, également, quand les bonites se présentent.

On capture les bonites pendant toute la saison d'été, principalement dans les mois d'avril, mai, juin et d'août au 15 septembre, mais surtout au moment de l'apparition de la nouvelle lune, qui a pour effet de faire rapprocher de la côte ces poissons migrateurs poursuivant les petites sardines.

Les pêcheurs surveillent toujours le large d'une hauteur. Quand ils aperçoivent un point bleuâtre, cela indique un banc de bonites (le banc ne peut être aperçu que par temps calme ou légère brise). Aussitôt les bonitières sont mises à bord, ou s'y trouvent déjà si on a aperçu des bancs les jours précédents, et les deux bateaux, car ils doivent être deux, vont se poster au large par des fonds de 20 mètres au plus (pas plus au large, car le filet mesurant 20 mètres en hauteur la ralingue du liège doit rester à fleur d'eau et celle du plomb bien appuyée au fond), puis joignent leurs engins ensemble et se tiennent poupe à poupe (fig. 2 d'autre part). Si le banc se dirige plus près du rivage, les bateaux en font autant, doucement et sans bruit, et l'attendent au passage ; si le banc passe plus au large de 20 mètres de fond, il n'y a rien à faire, car la ralingue du plomb ne toucherait pas le fond.

Mais le banc approche dans de bonnes conditions et le moment d'agir étant arrivé, les deux bateaux partent rapidement en sens contraire (fig. 3), entourent le poisson et viennent se rejoindre en se croisant le plus près possible ; le poisson est cerné (fig. 4). Ensuite, l'espace est réduit le plus possible en hâlant sur les deux extrémités des filets et finalement on apeure le poisson, qui est forcé de se mailler. Quand les bonites sont trop grandes, ne pouvant se mailler dans les mailles trop petites, on cale alors dans la partie cernée et à plusieurs reprises une pièce de bonitière qu'on hâle, dans ce cas, comme le lamparo en tirant davantage la ralingue inférieure. Lorsqu'une grande quantité de bonites sont entourées, la bonitière cernant le poisson est laissée à la mer des fois pendant quatre et cinq jours ; l'on puise dedans tant qu'il reste du poisson et on en abandonne le moins possible, car on ne peut capturer jusqu'au dernier.

Pendant que le filet file du bord, les deux hommes le dirigeant doivent faire une extrême attention que les balles de plomb ni les lièges ne s'engagent dans les mailles de la nappe, ce qui causerait une ouverture formant porche, surtout à la ralingue plombée, et par où tout le poisson passerait sans qu'il en reste un seul.

Les calours eux-mêmes ne doivent pas se laisser prendre bras ou jambes par les plis du filet, sous peine d'être entraînés à la mer, car les bateaux filent très rapidement. Ils ne doivent pas avoir de boutons aux effets auxquels les mailles puissent s'accrocher.

8° *La Tonarelle* est calée à poste fixe à partir d'une pointe en allant vers le large dans un des parages réputés bons pour le passage des bonites. On s'en sert généralement pendant les mois de mars et d'avril et du 15 septembre à fin octobre, et capture chaque jour, à la maille 10, 15 et 20 poissons environ surtout à la nouvelle lune.

On pourrait user de cet engin pendant toute l'année, mais quand d'autres pêches plus lucratives donnent, on le délaisse. En plein hiver, outre que les bonites sont rares, le mauvais temps ne permet guère de se servir de la tonarelle qui, calée près de terre, pourrait quelquefois être drossée sur les rochos par la forte mer.

Les périodes de calaison diffèrent un peu suivant les points de la côte ; on commence à en prendre plus tôt aux points les plus septentrionaux.

9° *Vente des bonites.* — Quand on en capture des grandes

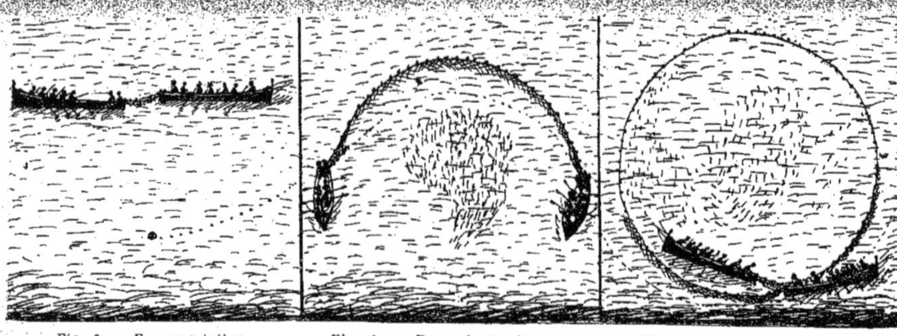

Fig. 2. — En expectative.   Fig. 3. — Banc de bonites que que l'on cerne.   Fig. 4. — Banc de bonites cerné.

Fig. 5. — Une pièce de bonitière calée à poste fixe.

quantités, les bonites sont généralement vendues par lots aux nombreux poissonniers dont les plus sérieux se transportent pour la vente dans les grandes villes du littoral et de l'intérieur ; les autres s'éparpillent dans les nombreux villages de la région. Quand le courrier part pour Marseille le même jour ou le lendemain, des quantités sont expédiées pour la France, glacées dans des caisses hermétiquement fermées. Quand aussi la vente n'est pas facile, on sale une partie de ces poissons qui, salés, ne sont pas aussi bons que frais. Cette salaison ne se conserve guère plus de cinq ou six mois, elle s'échauffe ensuite. Enfin, les œufs ou frai que l'on fait sécher sans autre préparation se conservent longtemps ainsi et sont d'un excellent goût ; secs ils deviennent noirs extérieurement et ressemblent à des cigares.

La pêche des bonites ayant lieu assez rarement, le gain des marins et de l'armateur est confondu avec celui des sardiniers et lampariens qui la pratiquent seulement quand le moment se présente. Les golfes profonds, à fond vaseux et plat, sont les plus féquentés de ces poissons migrateurs. Celui de Castiglione, compris entre la pointe de Sidi-Ferruch et le cap Chenoua, est un des meilleurs. (Abondance ou pénurie, voir l'art. *Bœuf*, § 11 *bis*.)

N° 5 BOGUIÈRE

(FILET FIXE)

Nom local de l'engin. — « Bogara », mais plus généralement appelée « Empostade », qui veut dire calée à poste fixe.

1° Ce filet a les mêmes dimensions en longueur que la bonitière, 150 mètres, et seulement 12 mètres de chute au lieu de 18 ; les mailles ne mesurent que 25 à 28 millimètres en carré, au lieu de 4 à 5 centimètres ; le nombre de mailles en hauteur est le même : 250, La valeur de chaque pièce est également de 350 francs environ. Demande les mêmes soins.

2° *Espèces qu'il sert à capturer.* — Bogues, maquereaux, brochets, pélamides, oblades, marbrés, exocets (dits poissons volants ou hirondelles) et quelques petites bonites pendant le mois d'août.

3° *Description du mode d'emploi. Manière de pêcher.* — Cet engin de pêche fixe est calé à toute heure et de préférence à partir d'une pointe, en allant vers le large (fig. 1 à la suite) ; il est maintenu en poste par d'assez forts cailloux fixés à chaque extrémité de la ralingue plombée pour em-

Fig. 1. — Empostade calée à partir d'une pointe.

Fig. 2. — Empostade calée au large.

pêcher la dérive. L'extrémité du large doit toujours former les 3/4 de la circonférence, partie où il doit y avoir toujours le plus de poisson de capturé. Ce même engin est calé aussi quelque peu au large, en forme de point d'interrogation (fig. 2) ; il capture principalement les exocets.

Le produit de la pêche, plutôt toujours maigre, est vendu sur place.

L'équipage du bateau n'est toujours que de 2 ou 3 hommes.

4° *Lois, décrets, arrêtés, etc.* — L'emploi de ce filet est autorisé pendant toute l'année, de nuit comme de jour (Art. 11 du décret du 2 juillet 1894) ; il est inoffensif, puisque le poisson se prend de lui-même et non de force. Est classé dans la première catégorie, « filets fixes » (Art. 13 du décret du 2 juillet 1894). Sont prohibés les filets fixes dont les mailles mesurent moins de 20 millimètres en carré (Art. 14 du même décret).

Cannade (mugière). — Nom local : Canatjada.

5° Procédé de pêche composé généralement de quatre pièces de boguière (empostade), deux par bateaux. Sert à capturer les mulets en les entourant. Cette pêche a lieu près des embouchures des fleuves et rivières, où les mulets abondent ; on ne peut cerner ces poissons dans les fleuves et rivières trop étroits.

6° *Description du mode d'emploi.* — Sitôt un banc de mulets aperçu et le moment opportun arrivé, deux bateaux se tenant d'avance rapprochés par l'arrière et ayant l'extrémité de leur engin fixé bout à bout, partent rapidement en sens contraire en décrivant chacun une demi-circonférence et reviennent se croiser, comme il est démontré à la fig. 3 ci-dessus. Immédiatement après, les mêmes bateaux placent la cannade (a) (nappe d'empostade large de 1 m. 25, tendue sur l'eau par des roseaux et qu'on fixe de distance en distance à la ralingue du liège du filet principal). Les mulets, en sautant par dessus la ralingue du filet principal, sont arrêtés dans leur fuite par la cannade maintenue à fleur d'eau. N'ayant pas assez d'eau pour nager, les poissons sont pris à mesure à la main et au moyen d'un salabre et jetés à bord ; une partie essayant de piquer au fond, se maillent. Mais, évidemment, la plus grande partie s'est maillée au filet principal, faisant haut et bas, en l'apeurant (fig. 5). Le tout est ensuite relevé.

Dans le midi de la France, la cannade, toujours en usage,

au lieu d'être calée à la suite du filet principal, y est, au contraire, fixée d'avance, par les bouts des roseaux, et file du bateau à la mer en même temps (fig. 4).

Les pêcheurs d'Algérie n'usent pas de ce procédé de pêche qu'ils disent être interdit, mais sans pouvoir en expliquer le motif. N'ayant que des mailles de 25 à 28 millimètres en carré, étant fixe et destiné spécialement à la capture des mulets qu'il prend tous adultes, on ne comprend pas l'interdiction de ce filet, si cette interdiction existe. Ce procédé de pêche n'est sûrement destructeur ni des fonds, ni des petites espèces.

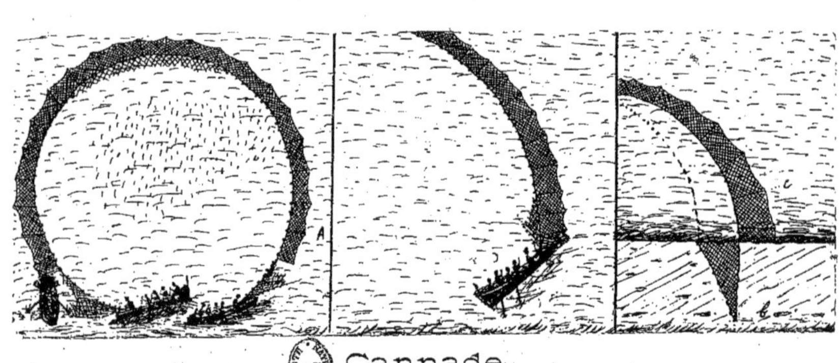

Fig. 3. — Banc de mulets cerné (Algérie).

Fig. 4. — Mugière (du Midi de la France).

Fig. 5. — B) Empostade touchant le fond. — C) Cannade tendue à la surface.

Fig. 1. — Partie d'une pièce de thonaire

Nº 6 THONAIRE

(FILET FIXE)

Nom local de l'engin. — « Tonara ».

1º *Description, dimensions, mailles, lest, etc.* — Filet fixe
à simple nappe, mesurant : en longueur, 85 mètres ; en hauteur, 20 mètres ; dimension des mailles : 15 centimètres en
carré ; 50, dans le sens de la hauteur. Lest : 50 grammes
environ par mètre courant. Le fil des mailles à trois torons
est très solide.

2º *Provenance, fabrication, matière employée.* — Ce fort
engin, qui est venu d'Italie avec les pêcheurs eux-mêmes,
devient de plus en plus rare, vu la rareté des thons, si nombreux cependant, il y a encore une quinzaine d'années. La
fabrication a lieu en Italie et à la main ; les mailles étant
grandes, une pièce est vite fabriquée. La matière employée
pour la nappe et les ralingues est toujours le chanvre de très
bonne qualité. Les lièges sont forts et les balles de plomb
lestant la ralingue inférieure doivent être bien rondes, bien
unies et sans aucune arête pour que les mailles ne puissent
s'y accrocher.

3º *Valeur de l'engin.* — Chaque pièce de 85 mètres de long
sur 20 mètres de chute vaut, entièrement garnie, 400 francs.
L'engin complet pour un seul bateau étant de 3 pièces, total
1.200 francs. Pour pratiquer la pêche aux thons, deux bateaux étant nécessaires, le montant total est donc de 2.400
francs.

Les bateaux servant à cette pêche sont toujours les bateaux
Lampara (fig. 3 du sardinal).

4º *Espèces qu'il sert à capturer.* — Cet engin sert à capturer les thons, gros poissons pour lesquels il est seulement

destiné. Parfois de gros chiens de mer, des requins et des marsouins se laissent prendre ou plutôt se laissent cerner.

5° *Conservation, séchage, raccommodage et teinture.* — Ce filet se conserve très longtemps, le fil des mailles étant en ligne très forte et du fait qu'il ne sert pas souvent. On le met au sec une fois par semaine ; le raccommodage est facile, mais les mailles ne cassent pas facilement, et on le passe à la teinture à peu près une fois par an. On s'en sert même pendant quelque temps à blanc.

6° *Lois, décrets, arrêtés, etc.* — L'emploi de ce filet est autorisé pendant toute l'année, de nuit comme de jour (Art. 11 du décret du 2 juillet 1894). Ce même décret est muet sur toutes autres questions concernant la thonaire, parce qu'aucune réglementation n'a été jugée nécessaire.

7° *Description du mode d'emploi. Manière de pêcher.* — Quelques armateurs possédant déjà : le sardinal, le lamparo et la bonitière (art.1, 2 et 4) sont également munis de la thonaire ; ils se servent de cet engin quand les thons rallient la côte, dans les mois de juillet, août et septembre. Quand la saison d'été est abondante en poissons migrateurs : sardines, allaches, anchois, maquereaux, et bonites, les bancs de thons qui les poursuivent sont nombreux.Les thons sont premièrement vus très au large, souvent par bancs nombreux ; à partir de ce moment, ils sont surveillés de la plus haute falaise, et sitôt que les bancs ont approché de la côte suffisamment, ce qui a lieu 7 ou 8 jours après, les pêcheurs se tiennent prêts et, au moment voulu, deux bateaux vont se poster, comme il est démontré à la figure 2 ci-après, par des fonds de 20 mètres d'eau, au plus. Quand un banc passe par un fond propice, c'est-à-dire entre le bateau et le rivage le plus voisin, il est cerné. La figure 3 démontre comment l'opération a lieu : Premièrement, les deux bateaux qui se tenaient poupe à poupe, ayant l'extrémité de chacun de leur engin fixés l'un à l'autre (fig. 1) calent, en partant très rapidement en sens contraire, en premier lieu la bonitière (voir art. 4), et entourent complètement le banc qui se trouve cerné en un clin d'œil. Cette première opération terminée, la thonaire est calée à son tour, entourant complètement la bonitière. La thonaire étant placée sûrement sans aucune ouverture en nulle part et par où les thons pourraient passer, ladite bonitière est relevée et les thons sont définitivement pris.

Si les thons sont premièrement cernés avec la bonitière,

Fig. 2. — Sur le point de cerner une bande
de thons.

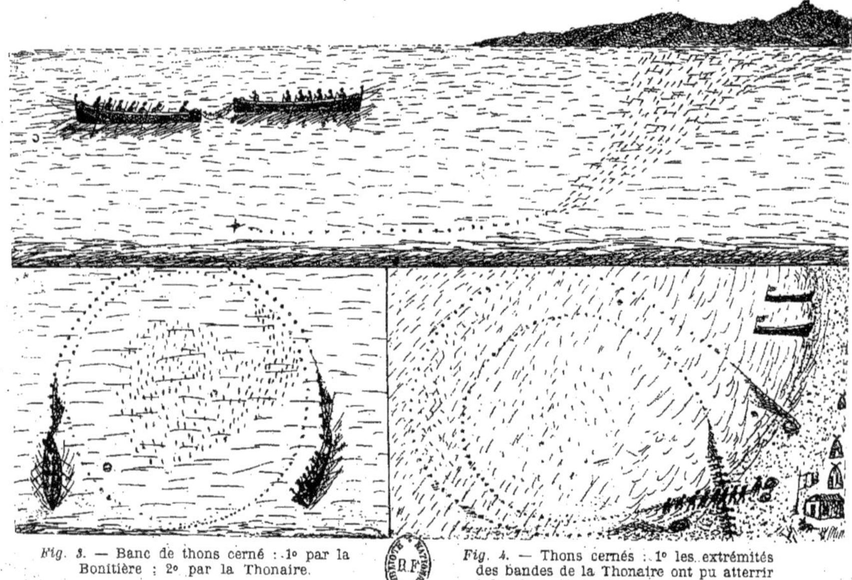

Fig. 3. — Banc de thons cerné : 1° par la
Bonitière ; 2° par la Thonaire.

Fig. 4. — Thons cernés : 1° les extrémités
des bandes de la Thonaire ont pu atterrir
à la plage ; 2° halés à terre au moyen de
la grande senne.

A) Deux pièces de l'honaire calées à partir
d'une pointe.

Fig. 5.

B) Plusieurs pièces de Thonaire calées. Les
thons pénètrent par C. Le bateau ferme
ensuite l'entrée avec une pièce.

c'est que cet engin plus léger se manie plus facilement que la thonaire, qui demanderait trop de temps pour l'opération susdite. Pour fine que soit la nappe qui les entoure et qu'ils briseraient d'un coup de queue, les thons ne l'approchent pas, en ayant peur. Seulement, la thonaire doit intervenir ensuite, sinon la bonitière pourrait être emportée à un moment donné.

La figure 4 représente une capture de thons près de la plage, l'extrémité des bandes de la thonaire ayant pu atterrir. Cernés avec ce premier engin, sans l'aide de la bonitière, les thons sont ensuite ramenés sur la plage, à plusieurs reprises, au moyen de la grande senne (voir cet art. filet traînant), calée à l'intérieur de la thonaire.

Une capture de thons sur la plage faisant assez grand bruit, les personnes des alentours et les travailleurs des champs se rendent sur les lieux pour donner la main au hâlage de la senne ; ils gagnent une bonne journée ou emportent un thon chez eux.

On cale aussi, mais à poste fixe, de grandes longueurs de thonaire formant madrague en quelque sorte (fig. 5 d'autre part), à certains points de la côte pour la capture des thons. Cet engin a parfois une valeur qui se monte jusqu'à 15.000 francs, mais il rapporte beaucoup ; une bande d'un millier de thons produit une belle somme. Un bateau, ayant à bord une pièce de thonaire, ferme l'entrée (C) sitôt qu'un banc a pénétré dans l'intérieur (B).

La capture a lieu au moyen de la grande senne ou seulement au moyen de crocs, quand le fond est petit.

Deux pièces (a) (même fig. 5 d'autre part) sont également calées, à la saison voulue, à partir d'une pointe en allant vers le large et dont l'extrémité contourne un peu. Dans ce système, les thons se prennent d'eux-mêmes en s'enfermant dans une poche, comme il est démontré plus loin à la fig. 7.

Aussi bien à l'un comme à l'autre dc ees procédés (fig. 3, 4 et 5, A accepté), la ralingue plombée doit être bien appuyée au fond partout, que si le moindre porche se produisait, les balles de plomb s'étant engagées à quelque endroit avec les mailles, tous les poissons y passeraient l'un après l'autre. Les thons ne se maillent pas.

8° *Pêche du thon à la thonaire flottante* (fig. 6 et 7 à la suite). — Cette pêche ne peut avoir lieu que pendant les nuits sombres et sans lune seulement. L'engin est calé au coucher du soleil et relevé quand l'aurore du matin commence à pointer. Elle se pratique aussi bien en hiver qu'en été, dans certains parages.

La ralingue inférieure ne porte aucun lest, le propre poids du filet suffisant à maintenir les mailles ouvertes ; d'ailleurs, cette ralingue doit plutôt être légère, pour que le thon puisse l'entraîner facilement dans le sens vertical, pour pouvoir se prendre de lui-même dans une poche que sa poussée en avant fait produire finalement, en passant par dessus la ralingue du liège (fig 6 et 7).

Les pêcheurs restent souvent des 8 et 12 jours sans prendre aucun thon, mais à un moment donné, ils en capturent une cinquantaine, plus ou moins, ce qui donne un gain par part d'au moins 250 francs, car ces poissons se vendent très cher.

Cependant, presque journellement, on capture des gros chiens de mer qui, vendus, permettent de faire quelque argent, en attendant l'heureux jour qu'on doit attendre patiemment, sans de décourager.

Ce mode de pêche, toujours en usage en France, notamment dans les quartiers de Cette et de Port-Vendres, n'est pas pratiquée en Algérie, où les thons abondent cependant. Cette question est à voir par les armateurs d'Alger principalement, qui ont fait quelques essais fructueux.

9° *Vente des thons.* — Jusqu'à ce jour, il n'existe le long du littoral algérien aucune usine pour la préparation des conserves de thon en boîtes ; ceux capturés sont exportés en grande partie sur Marseille ; sur place, il ne s'en consomme qu'une petite partie. Si 3 ou 4 usines existaient sur la côte, les pêcheurs se livreraient davantago à cotte pêchc, étant certains alors de la vente dans de bonnes conditions. La thonaire flottante entrerait sûrement alors en ligne, comme la thonaire fixe ; cette dernière pourrait d'ailleurs servir après en avoir retiré le lest (voir l'art. Bœuf).

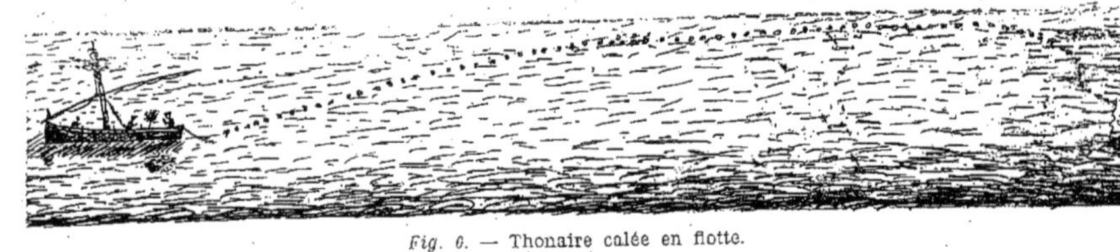

Fig. 6. — Thonaire calée en flotte.

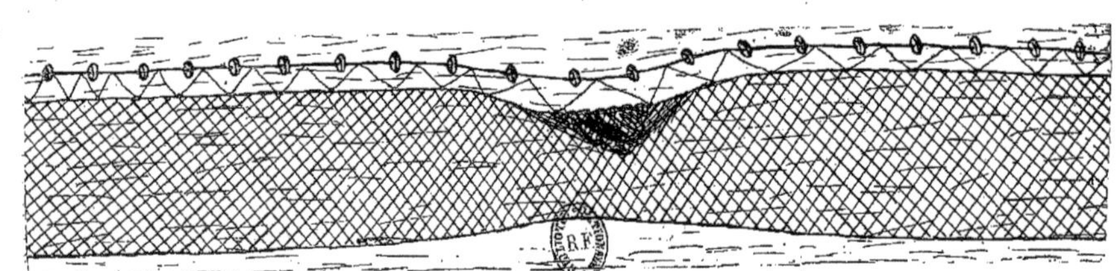

Fig. 7. — Thon capturé dans une poche formée par lui-même.

1. Thon buttant la nappe du filet.
2. Entraîne la nappe vers la
   surface.
3 Continue.
4 Définitivement pris.

N° 7 MADRAGUE

Filet destiné exclusivement à la capture des thons

1° Engin fixe à nappe simple, mesurant : le corps de la madrague (A B), 350 mètres en longueur ; la queue de la madrague (C D), 1.500 mètres environ.

La hauteur varie suivant l'importance des fonds du lieu auquel elle est destinée. Ces dimensions sont à peu près celles des madragues en usage actuellement.

Les mailles du filet formant le corps de la madrague, des chambres et de la queue, doivent mesurer au moins 325 millimètres en carré ; celles de la poche, fosse ou chambre de mort, ainsi que celles formant le fond horizontal qu'on relève et qu'on abaisse à volonté (fig. 1 et 2 K) doivent avoir un minimum de 67 millimètres en carré. Ces mailles doivent présenter les dimensions ci-dessus les filets étant mouillés (art. 54 du décret du 2 juillet 1894, sur la police de la pêche maritime côtière en Algérie).

Les ralingues supérieures ont comme flotteurs de forts paquets de lièges et même des barils goudronnés ou coaltarés.

Les ralingues inférieures ont comme lest des gueuses. L'emploi des pierres est interdit (art. 55 du même décret). La stabilité du tout est obtenue au moyen de fortes aussières ayant à chaque extrémité un grappin ou petite ancre et auxquelles aussières sont fixées en leur milieu et fortement les ralingues inférieures du corps et de la queue de la madrague, Art. 55 du décret (voir fig. 3, calaison le la madrague).

Aux angles des filets les plus avancés en mer, formant le corps de la madrague, doivent être fixées des bouées-signaux bien visibles de loin (art. 58).

Pendant les travaux de calaison, des feux de couleur placés sur des bateaux mouillés le long de la partie flottante de la queue de la madrague, jusqu'à l'extrémité, doivent être constamment allumés, pendant la nuit, depuis le moment auquel les travaux de calaison sont entrepris jusqu'à l'entier achèvement. (Epoque de la calaison, art. 56 et 59). Les madragues sont mouillées le long des côtes sur les points et dans les limites fixées par les arrêtés de concession (art. 51). Les autorisations d'établissement sont accordées à titre essentiellement temporaire et révocable, par un arrêté du Gouverneur général de l'Algérie sur la proposition du Commandant de la Marine (art. 52). Nulle madrague ne peut être établie sans qu'au préalable une Commission nautique, désignée par le Commandant de la Marine, n'ait constaté qu'elle ne peut nuire en rien à la sûreté de la navigation. Le procès-verbal de cette Commission indique, par les relèvements pris à terre, la distance de la côte où seront mouillées les diverses parties des filets composant la madrague, la direction par rapport à la côte du point principal, la profondeur du fond aux points extrêmes, la longueur et la hauteur ou chute (art. 53). Les navigateurs sont informés par des « Avis aux navigateurs » de la présence d'une madrague mouillée à tel point de la côte. Les art. 51 à 59 du même décret du 2 juillet 1894 susdits règlent toutes dispositions spéciales aux madragues.

A l'extrémité de la queue (C) se joignant au corps principal de la madrague ,s'ouvre une première chambre carrée de 45 mètres environ de côté (E), communiquant elle-même avec les cinq autres (F, G, H, I, J), qu'on ouvre à volonté en disjoignant du filet principal une des extrémités des cloisons (L), passages par où les thons aboutissent à la chambre de mort où a lieu la matance, la tuerie ou la capture. Le filin des mailles composant les parois et le fond de la chambre de mort est très solide.

2° *Valeur de l'engin.* — Les plus grandes madragues, comprenant tous les filets, les câbles, les ancres et grappins dont le nombre monte jusqu'à 120, les bateaux et tous accessoires, peuvent arriver à une valeur de 40.000 francs environ.

La durée des filets, dont une partie sont en corde d'alfa, est de trois ans environ.

3° *Saison de pêche.* — La pêche commence vers les premiers jours du mois d'avril pour être abandonnée pendant le mois de juillet, pour la raison qu'après avoir frayé, les thons

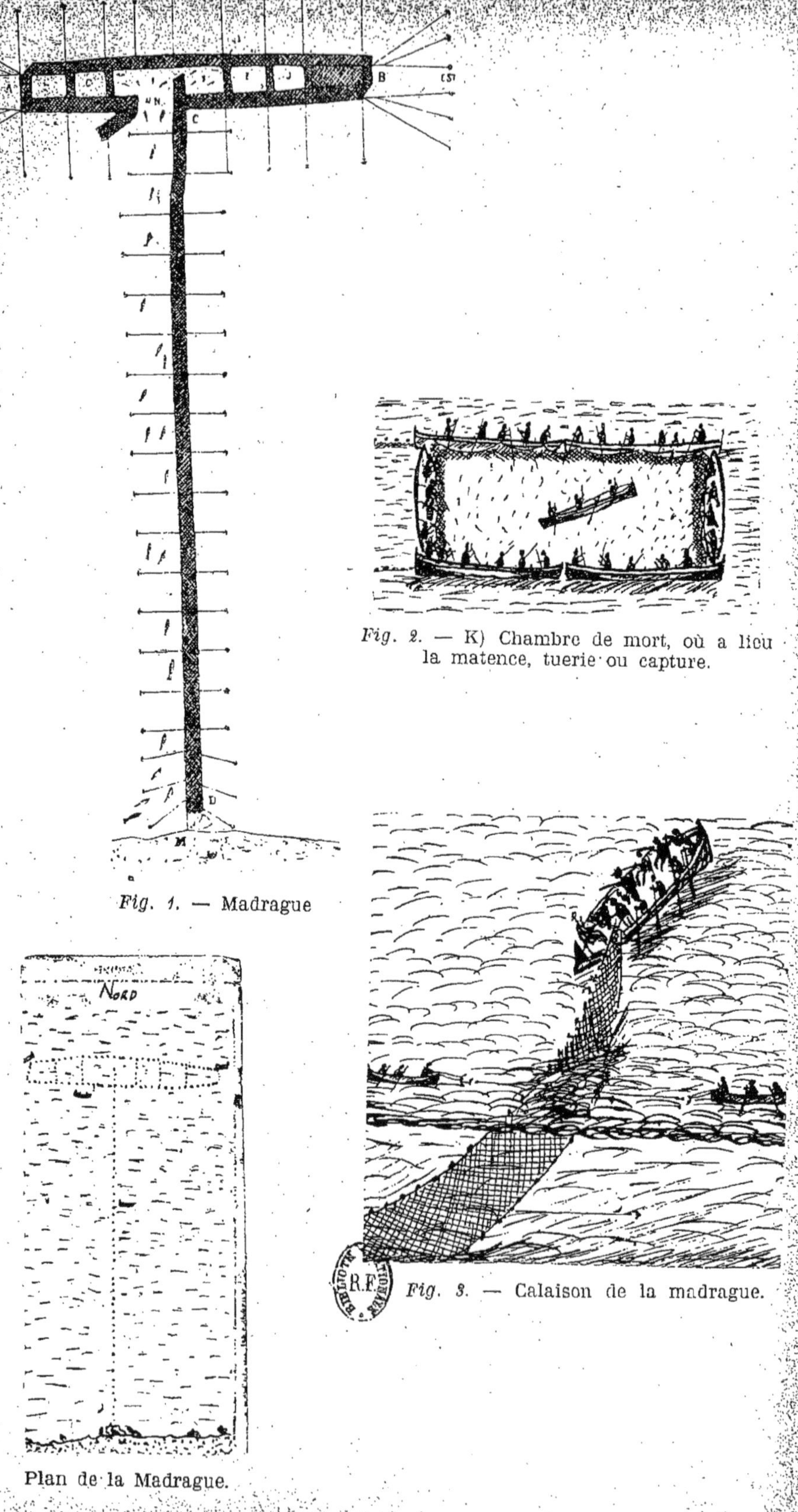

Fig. 1. — Madrague

Fig. 2. — K) Chambre de mort, où a lieu
la matence, tuerie ou capture.

Fig. 3. — Calaison de la madrague.

Plan de la Madrague.

étant devenus maigres, leur chair molle à ce moment ne supporterait plus la préparation des conserves. Elle est reprise vers les premiers jours du mois d'août pour le poisson dit de retour. Les thons capturés pendant les mois de mai et de juin sont les meilleurs étant gras et ayant à ce moment leur chair bien ferme.

4° *Calage de la Madrague*. — Pour l'établissement de cet immense engin de pêche, on doit choisir de préférence un fond sablonneux, bien uni et sans pente rapide, jusqu'à 40 mètres de profondeur. La direction du corps de la madrague doit être de l'Est à l'Ouest ; la queue doit faire Nord et Sud.

Après avoir préparé le tout, les filets de la queue de la madrague, les premiers à immerger, sont embarqués dans de grandes barcasses ; les câbles frappés d'avance aux cigales des ancres sont mis dans d'autres forts bateaux. On commence par fixer à terre, sur un îlot de préférence, s'il en existe, la première ancre qui est de grandes dimensions, au câble de laquelle est fixé solidement le bout de la ralingue inférieure de la queue (M) ; puis la barcasse gagne le large en filant le filet toujours dans une direction droite au Nord. Un premier câble transversal, ayant une ancre à chaque extrémité, est immergé après y avoir fixé solidement en son milieu la ralingue inférieure du filet, et l'immersion continue. Pour mouiller les deux ancres, deux petits canots les tiennent saisies au moyen d'une aussière coulante passée au-dessous des oreilles de la patte supérieure, puis on lâche doucement ; mais au moment de lâcher tout au fond les hommes aux avirons ont nagé vigoureusement en sens contraire pour que le câble soit raidi le plus possible au fond (fig. 3). La même opération a lieu pour toutes les autres ancres, soit de la queue, soit du corps de la madrague.

Cette opération du calage des filets et du mouillage des ancres, qui demande plusieurs jours, doit être faite avec beaucoup de soin, car toutes les parties de la madrague doivent pouvoir résister aux plus forts mauvais temps.

Après chaque fort mauvais temps, toutes les parties doivent être soigneusement visitées et relevées pour remettre en place aussitôt le ou les points qui auraient souffert, car il ne faut pas qu'aucune ouverture existe, surtout aux filets du large, par où tous les thons passeraient sans qu'il en reste un seul.

5° *Capture des thons*. — Les thons cotoyant le littoral jusqu'à 1.000 mètres au large, rencontrant la queue de la madrague, se mettent à longer ce barrage jusqu'à l'extrémité formant triangle et rentrent, sans hésiter, dans la première chambre (E), puis se précipitent également dans la deuxième chambre (F) par l'ouverture sans chercher à revenir en arrière, l'instinct les poussant toujours vers le Nord et l'Est. Quand tout le banc a pénétré dans ces deux chambres, les deux hommes de vigie, dans leur embarcation, ferment la partie (N) avec le filet-porte et les thons emprisonnés sont considérés comme pris. L'un des guetteurs de vigie agite alors un pavillon avertissant les pêcheurs à terre qui veillent, que la porte est fermée et qu'une bande de thons est prisonnière. Des barques arrivent un moment après et le Directeur, sans se tromper, ayant estimé le nombre des thons enfermés assez élevé, les divise dans tous les compartiments en disjoignant du filet longitudinal l'une des extrémités des filets formant cloison (L). Par ces ouvertures par où ils s'engouffrent, les thons se divisent finalement en tournoyant, ne trouvant plus d'issue vers le Nord et l'Est, dans tout le corps de la madrague. Quand une partie estimée suffisante s'est introduite dans la chambre de mort (K), la cloison de cette chambre est fermée. Les hommes des bateaux qui ont formé le carré autour de cette même chambre relèvent ensuite au moyen de câbles fixés d'avance la partie horizontale du filet de fond qu'ils ramènent vers la surface, les thons apparaissant sont alors harponnés ou accrochés avec des crocs à long manche et embarqués à mesure ; c'est la capture définitive, la matance ou tuerie qui commence. Quand il n'en reste plus, le filet est de nouveau lâché au fond et la cloison est réouverte et refermée à nouveau, quand une nouvelle provision de thons a pénétré dans cette même chambre de mort et ainsi de suite jusqu'à ce qu'il n'en reste plus. Lorsque la bande de thons est importante, ne pouvant être capturés tous le même jour, on recommence la matance le lendemain.

Les bateaux chargés regagnent la terre et les thons sont portés à l'usine, qui se trouve toujours à proximité, pour être dépecés et mis en boîtes.

Les filets du corps de la madrague sont ensuite rectifiés et les hommes de vigie reprennent leur poste, ouvrent de nouveau le filet-porte, attendant une autre bande.

L'opération de harponnage et de crochetage, qui est une vraie lutte, n'est pas sans présenter quelque danger pour les opérateurs, qui doivent se méfier des coups de queue, surtout des gros poissons se débattant furieusement. Le harponneur doit se tenir bien solide ; s'il se sent entraîné par les bonds terribles du thon atteint, il doit lâcher le long manche du harpon ou du croc, être aidé ou prendre retour au taquet ou au banc avec la ligne fixée au manche jusqu'à ce que le thon se soit quelque peu noyé ou que ses forces se soient diminuées par le sang qu'il perd de sa blessure.

Si quelqu'un des opérateurs, perdant l'équilibre, tombe à la mer, comme cela arrive quelquefois, il est à peu près perdu, car le grouillement formidable de ces gros poissons dans la chambre de mort, rend son sauvetage bien difficile.

Ces madragues, par la grande dimension de leurs mailles, ne portent aucun préjudice aux autres pêcheurs. D'autres, de bien moindre importance, sont destinées à la capture des bonites, des maquereaux et autres espèces de passage. Il en existe actuellement trois dans le quartier d'Alger.

N° 8 VERVEUX
Filets fixes à pôches

1° *Dimensions*. — Les verveux ne servent seulement en Algérie que dans les fleuves et rivières et à leurs embouchures ; leurs dimensions en longueur sont de 4 à 12 mètres ; la hauteur ne dépasse pas un mètre.

2° *Valeur de l'engin*. — Suivant leurs dimensions et leur nature, les verveux valent de 10 à 50 francs.

3° *Espèces qu'il sert à capturer*. — Les mulets, barbeaux, ombres, aloses et autres poissons de rivières. Les anguilles, espèces qu'on pêche le plus, sont capturées par ces engins, ceux à poches (A et B) seulement, et ayant des mailles de 10 à 12 millimètres.

4° *Lois, décrets, arrêtés, etc.* — La pêche maritime côtière, en Algérie, est libre sans fermage ni licence, à la mer, sur les côtes et dans les fleuves, rivières, canaux ou cours d'eau communiquant directement ou indirectement à la mer, jusqu'au point de cessation de la salure des eaux et les limites de l'inscription maritime (art. 6 du décret du 2 juillet 1894 et art. 1er du décret-loi du 21 février 1852). Les mesures d'ordre et de police sur la pêche fluviale, en dehors de l'inscription maritime, sont édictées par les lois des 15 avril 1859 et 31 mai 1865.

L'usage de ces filets fixes à poches, quelles qu'en soient les dimensions des mailles, est interdit dans les fleuves, rivières et canaux, ainsi qu'à leurs embouchures (art. 14 du même décret du 2 juillet 1894 et art. 7, § 3, de la loi du 9 janvier 1852.

5° *Description du mode d'emploi*. — L'usage de ces engins est peu fréquent en mer ; par contre ils sont employés, en

Fig. 1. — a) Verveux à ailes ; b) verveux ;
c) verveux simple.

Fig. 2. — Verveux calés à l'embouchure d'une rivière.

contravention, dans les fleuves et rivières en toute saison. Le verveux à ailes (A) est placé au milieu du fleuve ou rivière et y est maintenu au moyen de piquets plantés près des deux berges et auxquels sont fixées les deux ailes. Le verveux (B) est placé de préférence à l'entrée des canaux. Les pêcheurs qui se servent de ces engins construisent souvent des barrages ou des bâtardeaux au moyen de pieux ou placent des fascines ou amas de pierres, suivant la largeur du cours d'eau en le barrant, et au milieu desquels ils laissent un étroit passage par où le poisson est forcé de passer et rentre dans le filet à poches placé en aval de ce passage, et d'où il ne peut plus ressortir (voir fig. 2).

Les lacs des régions de Bône et de La Calle ne communiquant pas avec la mer, la pêche y est réglementée par arrêté préfectoral.

Dans le Midi de la France, les verveux sont d'un usage général dans les lacs et étangs qui bordent la côte et communiquent avec la mer.

TROISIÈME PARTIE

Filets Trainants

IX. BŒUF. — Nom local de l'engin. — Description, dimensions
mailles, lest. — Provenance, fabrication, matière employée. —
Valeur de l'engin. — Valeur des bateaux. — Espèces qu'il sert
à capturer. — Conservation, séchage, raccommodage et teinture. — Lois, décrets, arrêtés, etc. — Description du mode
d'emploi. Manière de pêcher. — Vente et écoulement du produit de la pêche. — Saison de pêche. — Gain annuel des pêcheurs et rapport du capital.

X. SENNE OU BOULICHE. — Nom local de l'engin. — Description, dimensions, mailles, lest. — Provenance, fabrication et
matière employée. — Valeur de l'engin. — Valeur du bateau. —
Espèces qu'il sert à capturer. — Conservation, raccommodage
et teinture. — Lois, décrets, arrêtés, etc. — Description du
mode d'emploi. Manière de pêcher.

XI. TARTANON. — Nom local de l'engin. — Description, dimensions, mailles, lest. — Provenance, fabrication, matière
employée. — Valeur de l'engin et du bateau. — Espèces qu'il
sert à capturer. — Conservation, raccommodage et teinture. —
Lois, décrets, arrêtés, etc. — Description du mode d'emploi.
Manière de pêcher. — Vente à l'arrivée et prix.

Nº 9 BŒUF

(FILET TRAINANT)

Nom local de l'engin. — « Rède ».

1º *Description, dimensions, mailles, lest.* — Filet traînant destiné exclusivement à la pêche au bœuf pendant une certaine période de l'année et sérieusement réglementé, étant par sa nature, destiné à draguer les fonds.

Longueur des ailes : 33 mètres au maximum pour chaque aile, sur 8 ou 10 mètres de chute.

Longueur de la manche, y compris la poche : 14 mètres, sur 6 mètres en hauteur, les mailles étant bien ouvertes. Lest : 120 grammes de plomb par mètre courant.

Les mailles des ailes mesurent aux extrémités, 45 millimètres en carré et vont en diminuant jusqu'à 20 millimètres, jusqu'à l'ouverture de la manche.

Celles de la manche et de la poche mesurent 20 millimètres.

Ces dimensions sont définies par les lois, décrets, arrêtés, etc. ; mentionnées plus loin au paragraphe 7ᵐᵉ.

A) En Algérie, les pêcheurs Italiens naturalisés se servent du filet bœuf, dont l'extrémité de la poche est étranglée au moyen d'un bout d'aussière (fig. 1), tandis que les Espagnols usent de celui dont l'extrémité de la poche est libre (fig. 2). Ces filets, par leurs ralingues fortement plombées du bout des ailes jusqu'à l'ouverture de la poche, doivent racler fortement le fond ; leur poche doit également traîner sur toute sa longueur.

B) Le filet italien, par le fait de l'étranglement de l'extrémité de la poche, capture aussi bien le grand que le menu poisson, ce dernier ne pouvant se frayer de passage à travers les mailles, lesquelles se fermant déjà naturellement, le sont presque complètement par suite de la traction. Les débris des

Fig 1. — Bœuf des pêcheurs Italiens.
(Les mailles se ferment quand le filet travaille).

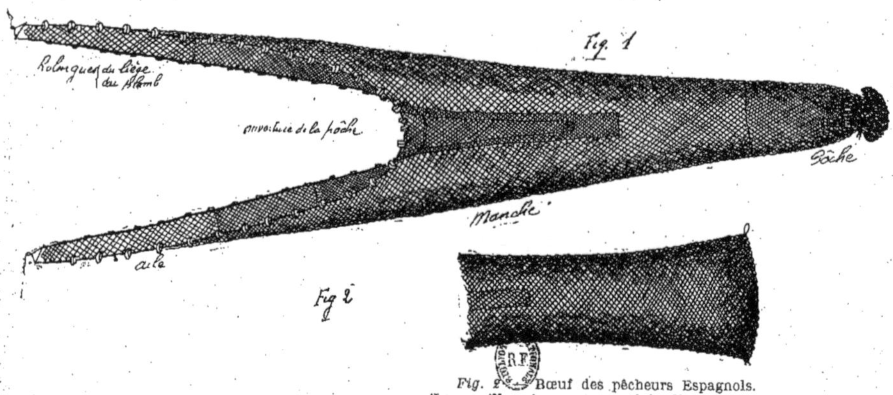

Fig. 2 — Bœuf des pêcheurs Espagnols.
(Les mailles s'ouvrent quand le filet travaille).

fonds et la vase pénétrant dans la poche, surtout vers la fin, aident à l'obstruction. L'amarrage de la poche est nécessaire, disent les pêcheurs, pour ajouter du poids, afin que la manche entière de l'engin soit tenue toujours bien couchée sur le fond, car si elle subissait les mouvements du bateau, quand il y a de la mer, elle se déformerait en revenant sur elle-même. Avec ce système d'amarrage, la destruction des espèces et aussi du sol sous-marin est bien plus intensive.

C) Le filet espagnol ayant l'extrémité de la poche libre, laisse bien mieux passer, surtout au commencement de la pêche, le menu poisson ; les mailles étant, d'un autre côté, disposées en travers, s'ouvrent par la traction au lieu de se fermer comme à l'italien. La destruction est par conséquent bien moindre.

Il s'ensuit donc que le système italien, augmentant considérablement la destruction du menu poisson qui ne peut se frayer de passage à travers les mailles comme au système espagnol, ne devrait pas être en usage ; que tous les pêcheurs devraient adopter le système de poche du bœuf espagnol, qui capture autant de poisson réglementaire, et qui est d'ailleurs le même que le filet bœuf des côtes de France de la Méditerranée. Un arrêté pris pourrait y forcer tout le monde, le tout, cela se comprend, pour le bien de la collectivité des pêcheurs.

D) En Espagne, on ne se plaint pas autant de la destruction des espèces sédentaires, tandis qu'en Algérie et en France cette question est constamment agitée. Les pêcheurs espagnols n'ayant pas le droit d'aller pratiquer la pêche au bœuf dans la circonscription voisine, chacun prend donc intérêt à détruire le moins possible la partie de mer, propriété collective d'un groupement, pour la pêche aux arts traînants.

E) En France, dans certains syndicats de la Méditerranée, il en est de même. Mais l'interdicton réciproque est réglée seulement par un règlement de la Prud'homie de la Corporation des pêcheurs et non par arrêté ministérel. Le règlement doit être toujours approuvé par le Préfet maritime.

F) Les pêcheurs de certain Syndicat voisin d'Alger ont demandé un règlement analogue, mais aucune suite ne pouvait avoir lieu, les prud'homies de pêcheurs n'existant pas en Algérie.

2° *Provenance, fabrication, matière employée.* — Les filets dits « bœuf » proviennent toujours d'Italie ou d'Espagne, malgré les forts droits de douane à l'entrée. Ces engins, qui ne sont pas fabriqués identiquement à ceux de France, qui ont les ailes plus longues et la poche plus courte et plus large, reviennent à un prix inférieur, malgré les droits, la main-d'œuvre étant moins coûteuse et le chanvre, matière première, étant récolté sur une grande échelle en Italie.

3° *Valeur de l'engin.* — Le prix d'un filet varie, suivant les dimensions, entre 150 et 350 francs. Muni des cordes appelées cales, le prix total de l'engin complet se monte entre 500 et 1.600 francs. Les cordes ont une valeur plus élevée que celle du filet. Deux filets par bateau sont nécessaires ; les mêmes cordes servent pour tout filet.

4° *Valeur des bateaux et de leurs accessoires.* — Un seul bateau ou balancelle d'une jauge de 5 à 30 tonneaux, coûte de 2.800 à 12.000 francs prêt à prendre la mer. Deux bateaux avec les filets et les cordes constituent l'engin complet.

5° *Espèces qu'il sert à capturer.* — Poissons : Merlans, rougets, rascasses, grondins, pagels, pagres, Saint-Pierre, beaudroie, bourzouks, bogues, araignées, rats, congres, capelans, gobie, turbots, soles, plies, carrelets, raies, chiens de mer, chats tigrés, et quelques autres variétés.

Mollusques : Poulpes, seiches, calamars, quelques huîtres indigènes et des pintadines. — Crustacés : crevettes, écrevisses et crabes.

6° *Conservation, séchage, racommodage et teinture.* — Ce filet, qui souffre beaucoup par le travail de dragage des fonds demande des réparations journalières. Il est mis au sec journellement, passé à la teinture bouillante assez souvent et a une durée de trois campagnes au plus.

Un double-fond, tablier à larges mailles destiné à amoindrir l'usure et couvrant une partie de la nappe inférieure de la poche, est autorisé.

7° *Lois, décrets, arrêtés, etc.* — Les dimensions de ce filet sont définies par les arrêtés ministériels des 18 août 1884 et 1er-12 janvier 1891 : la longueur de chaque aile ne peut dépasser 33 mètres, sur 8 à 10 mètres de chute ; celle de la manche, ensemble avec la poche, 14 mètres de longueur sur 6 mètres en hauteur, mailles ouvertes. Le lest dont la ralingue inférieure est chargée ne peut excéder 120 grammes par mètre courant. Les mailles des ailes doivent avoir 45^{mm} en carré allant en diminuant jusqu'à 20 millimètres à l'ouverture de la poche ; celles de la manche et de la poche doivent mesurer 20 millimètres au moins.

Cet engin de pêche est classé dans la 1ʳᵉ série de la troisième catégorie des filets traînants (art. 13 du décret du 2 juillet 1894 portant règlement à la police de la pêche maritime côtière en Algérie). L'art. 16 prohibe ces engins dont la plus petite maille aura moins de 20 millimètres en carré, en indiquant que l'usage en est interdit pendant les mois de juin, juillet et août. Cette période d'interdiction a été modifiée par arrêté du Gouverneur général de l'Algérie en date du 19 mars 1905 qui édicte que la pêche au bœuf est interdite du 1ᵉʳ avril au 1ᵉʳ octobre. L'art. 17 prescrit que les mailles doivent présenter les dimensions réglementaires lorsque les filets seront imbibés d'eau.

L'arrêté ministériel du 5 juillet 1894 donne par l'art. 1ᵉʳ les alignements des points de la côte (des quatre quartiers d'Algérie) en dedans desquels l'usage des filets bœuf est absolument interdit et l'art. 2, qu'ils ne pourront être calés ou remorqués qu'à 300 mètres au moins de distance des autres pêcheurs.

L'art 3 de cet arrêté est également modifié par l'arrêté du gouverneur général : période annuelle d'interdiction. Enfin, l'usage du filet bœuf est autorisé à partir des fonds de 40 ou 60 mètres en tirant vers le large, suivant les points de la côte. Même art. 1 de l'arrêté du 5 juillet 1894 (voir n° 11, *Tartanon*, au § 6, dimensions réglementaires des poissons).

8° Description du mode d'emploi. Manière de pêcher. — Chaque bateau doit avoir au moins deux filets, car les avaries sont fréquentes, donc quatre par paires de bateaux traînant ensemble un seul et même filet.

L'armement de chaque bateau, appelés plutôt balancelles, se compose suivant le tonnage d'un équipage de 5 à 12 hommes.

A La Calle, Bône, Philippeville, Bougie, Castiglione, Cherchell, Ténès, Mostaganem, Arzew et Oran, les pêcheurs au bœuf sortent pour la pêche vers 3 ou 4 heures du matin, des fois plus tard quand la mer est calme de vent. Ils sont de retour au port vers les 4 ou 5 heures du soir. Les balancelles de Bône et celles de Philippeville ont, chaque paire, un canot porte-poisson rapportant à terre le poisson pris à la première calée du matin ; elles-mêmes rapportent celui des calées suivantes à leur retour.

Les balancelles du port d'Alger, celles ayant le plus fort

tonnage de la côte, restent, sauf mauvais temps qui les oblige à rentrer au port, pendant toute la semaine à la mer.Leurs porte poisson, petites balancelles assez fortes ayant 2 et 3 hommes d'équipage, apportent le poisson à Alger faisant 2 où 3 voyages suivant l'éloignement des lieux de pêche. Ces pêcheurs d'Alger pratiquent leur industrie pendant presque toute la saison d'hiver, de préférence, à partir de la baie d'Alger jusqu'à celle de Tipaza se trouvant ainsi toujours au vent du port d'Alger eux et leur porte poisson pendant les coups de mauvais temps d'Ouest et de Nord-Ouest régnant à cette saison. S'ils opéreraient sous le vent, à l'Est, bien souvent le porte poisson ne pourrait atteindre Alger pour y apporter le produit de la pêche et ensuite pourrait quelquefois se trouver en danger avant d'avoir pu atterrir à Dellys ou à Bougie, ayant été retardé en mer en tentant infructueusement, pour sauver le produit de la pêche, de gagner le port d'Alger.

CALAGE. — Arrivées sur les lieux de pêche, celle des deux balancelles qui doit mettre le filet à la mer doit se trouver toujours au vent ; la poche est premièrement mise à la mer et filée jusqu'à l'ouverture que les hommes font ouvrir facilement par le peu de vitesse conservée. L'autre balancelle, qui s'est rapprochée le plus possible, lance, sous le vent de sa conserve, le bout de sa cale pour être frappée au bout du filet à laquelle elle doit s'atteler. Les cales (cordes ou aussières), sont alors mollies à mesure, tout en les maintenant raides, de manière que le filet arrive au fond bien allongé, puis la voilure est établie et la pêche commence (fig. 3). Le bout de la cale du bord est amarré au taquet du vent, par le travers du mât, et une bosse établie à l'arrière permet au bateau en l'embraquant ou en le molissant, d'arriver ou venir au vent. La longueur de cale de chaque balancelle doit avoir 500 mètres de long environ pour 45 mètres d'eau. Elle est augmentée ou diminuée suivant la profondeur des fonds.

Les ailes du filet doivent rester constamment bien appliquées au fond par leur ralingue inférieure, qui doit draguer fortement. Une partie de la cale doit également traîner et troubler l'eau par le remuement de la vase, laquelle aveugle le poisson qui va s'engouffrer dans la poche. La vitesse des bateaux doit être maintenue à deux mille et demi environ à l'heure, pour que l'ouverture de la poche, c'est-à-dire l'écartement en hauteur des deux ralingues, se maintient à 0^m60 environ. Avec trop de vitesse, l'écartement se réduit jusqu'à 0^m25, la ralingue plombée ne traînant pas assez, et par vent

Fig. 3. — Paire de balancelles traînant le filet dit « bœuf ».

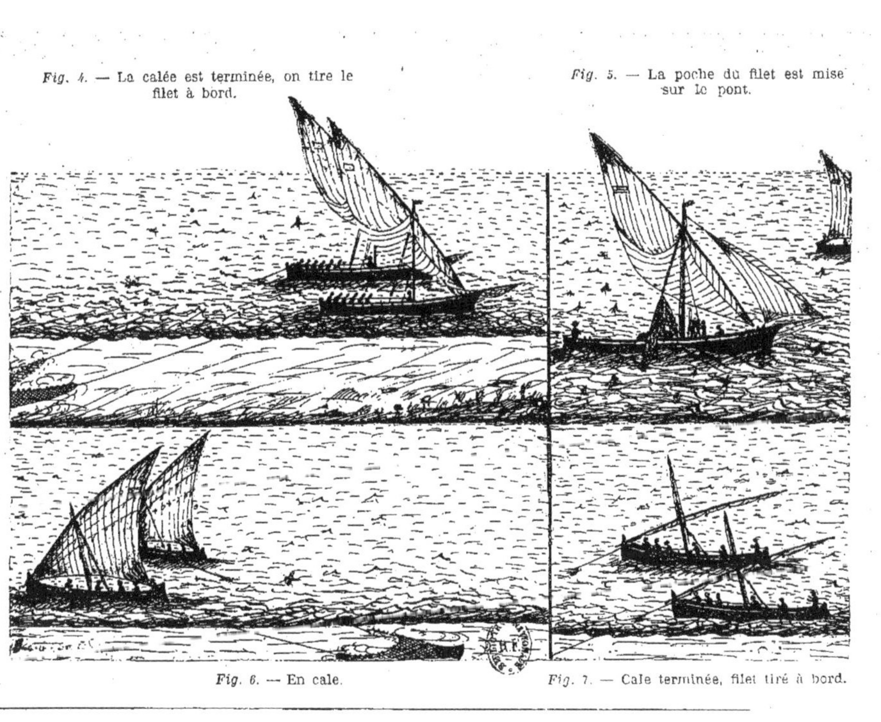

Fig. 4. — La calée est terminée, on tire le
filet à bord.

Fig. 5. — La poche du filet est mise
sur le pont.

Fig. 6. — En cale.

Fig. 7. — Cale terminée, filet tiré à bord.

trop faible, pas assez de vitesse, il augmente jusqu'à 1 mètre la ralingue du liège s'élevant trop.

Le filet, mais surtout la poche ne doit pas sursauter et revenir sur elle-même ; pour l'en empêcher le plus possible, les bateaux doivent être bien lestés.

La calée dure pendant deux heures environ par temps propice et toujours dans la même direction, vent arrière ou grand largue, sauf quelques petits dérangements de route pour éviter les fonds dangereux bien connus des professionnels.

Les pêcheurs du Midi de la France, ce qui n'est pas en Algérie, tirent aussi par vent de travers et par tribord ou bâbord amure en faisant porter.

Pour relever le filet, la pêche étant terminée, les voiles sont premièrement mises en ralingue, ou plutôt elles s'y mettent d'elles-mêmes au gré du vent, une fois le point d'écoute hissé à la hauteur de l'antenne (fig. 4 et 5). L'aussière (cale) est ensuite ramenée à l'arrière sur un support préparé d'avance où elle glisse sur un plan incliné et les hommes hâlent au moyen d'une espèce de baudrier en cordage ou en vieux filet terminé par un fouet au bout duquel est un liège arrondi et que par un tour d'adresse on fouette à l'aussière. On forme chaîne en allant jusqu'au pied du mât en abandonnant et en reprenant à l'arrière.

Arrivés à pic et les deux bateaux s'étant rapprochés, celui qui doit embarquer le filet reçoit de l'autre l'aussière en même temps que quelques hommes pour donner un coup de main, si l'état de la mer permet l'accostage. L'opération, par temps moyen, demande une heure environ ; par gros temps c'est plus long, le bateau, dans ce cas, ne pouvant aller aussi facilement vers le filet qu'il entraîne encore. Les ailes étant enfin arrivées à la hauteur de la lisse du bateau, les deux sont braguées ensemble et au moyen d'un palan venant du bout du mât le filet vient sur le pont (fig. 5). De la poche maintenue hissée on démarre ensuite le bout de filin qui en étrangle l'extrémité et le contenu du filet se vide seul sur le pont. Un autre filet, préparé d'avance, est à son tour mis à la mer, la pêche continue et le triage du poisson a lieu ensuite. Dans le triage, le bon poisson est mis dans des casiers et lavé à grande eau, tandis que le menu, les débris de coquillages et la vase sont rejetés à la mer à la pelle.

Les bateaux espagnols, ou d'origine espagnole, qu'on trouve à partir de Castiglione en allant vers la côte Ouest n'ont, comme on le voit par les figures 6 et 7, ni le même gabarit ni le même gréément que ceux d'origine italienne (fig. 4 et 5), qu'on trouve également à partir de Cherchell jusqu'à La Calle.

La manière d'opérer de tous ces pêcheurs est la même, sauf quelques petits détails. Tandis que les Espagnols amènent l'antenne et serrent la voile au moment de relever le filet qu'ils hâlent par l'avant, les Italiens se contentent de ramener le point d'écoute vers l'antenne et hâlent le filet par l'arrière.

Nous avons démontré par les fig. 1 et 2, au commencement du présent article *Bœuf*, que les poches des filets italiens et espagnols ne sont pas semblables, et l'effet produit, par le § 1, B et C. En effet, tandis que la poche étranglée du bœuf italien capture une forte quantité de menus poissons, de détritus et de vase, le tout mélangé et sale, celle non étranglée et libre des Espagnols ayant les mailles disposées en travers qui s'ouvrent pendant la traction, capture bien moins de menus poissons et de détritus et presque pas de vase.

9° *Vente à l'arrivée et écoulement du produit de la pêche.* — D'une manière presque générale, dans les grands ports surtout, les armateurs des bateaux bœufs achètent le produit de la pêche pour leur propre compte et le payent aux équipages aux cours du jour.

Les deux tiers environ des meilleurs poissons sont expédiés sur Marseille dans de grandes caisses hermétiquement fermées et contenant environ 160 kilos de diverses espèces, divisés par 6 ou 8 caisiers sur chacun desquels une épaisse couche de glace a été disposée ; la grande caisse en est ensuite bondée jusqu'aux bords.

Les pêcheurs des petits centres vendent leur produit sur place et à l'encan, par caisiers de 15 kilos au plus, aux nombreux poissonniers qui vont revendre ce produit de la mer dans l'intérieur et aussi dans les grandes villes du littoral. Le poisson n'est pas glacé, ces localités ne produisant pas de glace.

Le poisson exporté à Marseille revient net aux exportateurs à 0 fr. 60 environ le kilo. Vendu sur place, à 0 fr. 40 et 0 fr. 50 le tout ensemble.

10° *Parages de pêche.* — Les pêcheurs au bœuf se tiennent généralement dans le golfe de leur port ou à proximité, pour les raisons suivantes : 1° Le manque d'abris sur la côte ne leur permet pas de trop s'éloigner ; 2° pouvoir vendre à temps le produit de la pêche. (Les autres catégories de pêcheurs ne sont pas dans le même cas, leurs embarcations plus petites peuvent pénétrer dans les criques et être hâlées à terre en cas de mauvais temps). C'est ainsi pour les bœufs de : La Calle, Bône, Philippeville, Bougie, Castiglione, Cherchell, etc... Ceux du port d'Alger travaillent cependant, et suivant la saison des vents, sur une longueur de côte allant du Cap Matifou jusqu'au Raz-el-Amouch (cap Chenoua, près de Tipaza), soit 75 milles, environ, en longitude, sur 10, environ, de latitude. Leurs porte-poisson, comme nous l'avons déjà dit rapportent à mesure, à Alger, le produit de la pêche.

Une bonne moitié de la côte, malgré que les fonds soient propices à cette pêche, reste sans être exploitée. Parties telles que : du cap de Garde jusqu'à l'Ouest du cap de Fer ; de l'Ouest de Philippeville jusqu'à Ziama, dans le golfe de Bougie ; du cap Carbon, Ouest de Bougie, jusqu'à l'Ouest de Dellys ; de Dupleix, Est de Ténès, jusqu'à l'Est de Mostaganem, et de même sur le restant de la côte Ouest. Quant à l'éloignement en latitude, les fonds ne permettent guère d'aller plus au large de : 6, 8 et 10 milles ; au delà on ne trouve que fonds rocheux ou inégaux, qui de ce fait sont impropres à l'industrie de la pêche au bœuf. En revanche, les parties propres à cette pêche sont ou étaient bien fournies de diverses variétés d'espèces sédentaires. Malheureusement, le dragage trop intense a beaucoup ruiné les fonds en certains points très localisés.

Des balancelles et des vapeurs au bœuf d'autres ports se rendent parfois dans les parages de Djidjelli, de Dellys et de Ténès pour y pêcher pendant quelque temps, puis reviennent à leur port.

Enfin, l'article 1er de l'arrêté concernant l'exercice de la pêche dans les quartiers maritimes de l'Algérie du 5 juillet 1894, déjà cité au § 7, donne : 1° les alignements des golfes et parties de mer en dedans desquels l'usage des filets traînants de la première série, bœuf, vache, etc., est interdit ; 2° Cette pêche ne peut avoir lieu qu'à partir des fonds de 40 ou 60 mètres en tirant vers le large. Précédemment la distance à observer était de trois milles de tous points de la côte.

11° *Saison de la pêche.* — La pêche au bœuf pourrait se pratiquer pendant toute l'année. Par les vents d'Est réguliers de l'été le travail se ferait dans de meilleures conditions qu'en hiver, pendant lequel les vents sont souvent trop forts ou trop faibles. Mais, dans ce cas, les fonds étant continuellement dragués, les espèces sédentaires deviendraient forcément rares par la destruction continuelle. Puis le poisson fatigué déjà, ne se conserverait pas trop pendant les grandes chaleurs. L'intérêt des pêcheurs serait donc négatif.

Comme il est dit déjà, au § 7, la période d'interdiction dure, actuellement, du 1er avril au 1er octobre. Cette longue période d'interdiction de six mois a été motivée pour sauvegarder les espèces sédentaires menacées d'une complète destruction et pour laisser également la mer et les fonds tranquilles, surtout pendant les mois d'avril et mai, époque de la migration des espèces de passage vers la côte. La Commission consultative des pêches maritimes d'Alger a donc fait œuvre hautement appréciée de ceux qui ont le souci de la conservation des choses de la mer, y compris la grande majorité des pêcheurs. Le décret du Gouverneur Général, du 19 mars 1905, intervenant à la suite, fut bien accueilli.

— Depuis huit ou neuf ans, on a en effet bien remarqué que les espèces migratices, comprenant : les sardines, les allaches et les anchois suivis des maquereaux, des bonites et des thons qui en vivent, ont bien, comme toujours, rallié la côte à la saison de mars, avril et mai. Pendant ces mois, les pêcheurs au sardinal capturent toujours de ces poissons bleus qui, par l'instinct, trouvant les fonds ravagés et dangereux pour y déposer leur frai, dénués de nourriture et aussi pour s'y enliser en cas d'alerte, continuent leur voyage et la dernière bande passée, la pêche est coupée net en mai. Et juste au moment où la pêche au bœuf cessait, précédemment, plus de sardines ni d'anchois. Dans un champ labouré les moutons ne font que passer pour aller plus loin brouter la verdure.

Comme, à l'avenir, les fonds seront laissés tranquilles pendant trois mois de plus, c'est-à-dire pendant six mois, au lieu de trois, comme précédemment les dites espèces migratices stationneront sans doute davantage sur la côte et à portée des centres et des fortes quantités, comme jadis, se captureront sûrement, à partir de février pour les allaches et les sardines, et du mois d'avril pour les anchois, jusqu'à la fin août. Il en sera certainement de même pour les maquereaux, les bonites et les thons. La mer pourra en être tellement pavée qu'il faudra faire faire de la place à l'avant pour que le bateau puisse avancer.

Quand le ou les golfes sont garnis de ces espèces de passage, on peut dire que les pêcheurs et les riverains vivant des produits de la mer, sont riches.

12° *Gain annuel des pêcheurs et rapport du capital.* — Nous avons dit qu'antérieurement au décret du 19 mars 1905, la pêche au bœuf était permise pendant neuf mois, du 1er septembre à la fin du mois de mai et qu'actuellement elle ne dure que pendant six mois, du 1er octobre à la fin du mois de mars. Les fonds n'étant donc plus dragués pendant les mois d'avril et de mai, époque de frai, et une très forte quantité de femelles œuvées n'étant plus capturées, on voit qu'à la reprise du 1er octobre, le frai étant devenu des poissons adultes, la pêche sera plus abondante. Il s'en suit que le gain des pêcheurs sera aussi considérable, quoique avec une différence de trois mois en moins de pêche.

Le gain, pendant la campagne, est généralement de 450 francs, somme nette. Le patron a toujours une part et demi; les matelots une part ; les novices, suivant leur aptitude, une demi-part, trois-quarts ou deux-tiers ; les mousses le quart ou une demi-part. Au partage du produit des recettes, qui a lieu généralement le samedi de chaque semaine, les armateurs, après déduction des frais de nourriture de l'équipage, prélèvent premièrement pour le bateau et les engins de pêche, la moitié du produit ; l'autre moitié est ensuite divisée en parts entre patron, matelots, novice et mousse. Les armateurs ne retirent que trois parts quand les équipages se nourrissent à leurs frais, ce qui n'est guère usité.

Les hommes d'équipage de quelques bateaux du port d'Alger sont embarqués au salaire ; ils touchent 65 francs par mois plus, comme ceux à la part, la nourriture faite en commun à bord. Dans ce cas, le patron a le 1 ou 2 % du produit de la pêche.

Pour le rapport du capital, prenons une paire de balancelles moyennes, jaugeant l'une de 15 à 18 tonneaux, équipées chacune de 8 hommes et valant ensemble 15.000 francs. Les deux équipages égalant 16 parts à 450 francs l'une, les armateurs retirent donc 16 fois 450 francs, soit 7.200 francs ; de cette somme brute ils doivent évidemment retirer les frais d'entretien des bateaux et des engins de pêche, et aussi d'achat de filets et de cordages, reste environ 5.000 francs, ou 2.500 francs nets par bateau. C'est un bon rapport.

Nous avons dit qu'en général, sauf pour les petits ports, les armateurs achètent pour leur propre compte le produit de la pêche de leurs balancelles, avec lequel ils se font encore quelques bons bénéfices. Un bénéfice en amène un autre.

Pendant la période d'interdiction de la pêche au bœuf, du 1er avril à fin septembre, une partie des équipages s'embarquent pour la pêche à l'anchois, sardines, maquereaux bonites, sur les bateaux appelés « Lampares », appartenant, une bonne partie, aux mêmes armateurs des balancelles, augmentant ainsi, marins et armateurs, leur gain annuel. L'autre partie, composée de marins étrangers, parmi lesquels des naturalisés, repartent en Italie pour revenir à la prochaine ouverture de la pêche du 1er octobre.

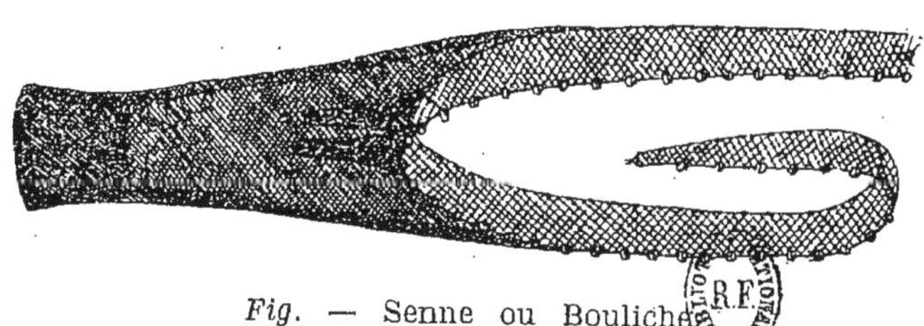

Fig. — Senne ou Bouliche

N° 10 SENNE OU BOULICHE

(FILET TRAINANT)

———

Nom local de l'engin. — Senne, Bouliche — ou « Arts » des Espagnols, « Rissole » des Italiens.

1° *Description, dimensions, mailles, lest*. — Les dimensions de ce filet sont très variables ; à tel point de la côte dont les fonds sont propices, c'est-à-dire que l'espace en latitude, fond non rocheux, est suffisant, elles peuvent atteindre, pour chaque aile, jusqu'à 185 mètres en longueur sur 30 mètres de chute ; la poche de 16 à 18 mètres de long sur 20 mètres environ d'ouverture. Sur d'autres points, dont les fonds rocheux ne permettent pas les grandes dimensions, le même filet est réduit jusqu'à 35 mètres en longueur pour chaque aile sur 8 mètres de chute, et pour la poche à 5 ou 6 mètres de longueur sur 7 ou 8 d'ouverture. Cet engin a trois dimensions de mailles dont les plus petites, celles de la poche, ne peuvent être moindres de 20 millimètres en carré. Sa ralingue plombée est chargée de 120 grammes de lest par mètre courant. Etant destiné à draguer les fonds, il est, comme le bœuf, sérieusement réglementé.

2° *Lois, décrets, arrêtés, etc.* — Ce filet, dont les dimensions en longueur et en hauteur ne sont pas limitées, est classé dans la 2ᵉ série des filets traînants (3ᵉ catégorie, filets traînants. Article 13 du décret du 2 juillet 1894). L'article 16 prohibe cet engin dont la plus petite maille aura moins de 20 millimètres en carré. Le même article en interdit l'usage pendant les mois de mars, avril et mai. L'article 17 prescrit que les mailles doivent présenter les dimensions réglementaires quand le filet est imbibé d'eau.

L'article 4 de l'arrêté du 5 juin 1894 concernant l'exercice de la pêche dans les quartiers maritimes de l'Algérie, tout en mentionnant aussi l'interdiction de cet engin durant les mois de mars, avril et mai, en interdit l'usage dans certaines parties de la côte. L'article 5, comme l'art. 16 du décret sus- dit, prescrit aussi que les mailles auront 20 millimètres en carré. Mais l'article 6 du même arrêté tolère les mailles de la poche à 11 millimètres jusqu'à un délai de un mois. Cette tolérance, qui a été toujours renouvelée, continue encore en 1908, et à ce propos, voir l'article suivant : « Tartanon », n° 11, au § 6 et dimensions réglementaires des poissons.

3° Provenance, Fabrication, Matière employée. — Cet engin, comme d'autres, provient d'Italie pour les pêcheurs des quartiers maritimes de Bône, de Philippeville et d'Alger, et d'Espagne pour les pêcheurs des ports du quartier d'Oran. Quelques rares armateurs en ont acheté en France, nais toujours ce filet est définitivement monté par les pêcheurs eux-mêmes qui en ajustent les différentes parties et y joignent les ralingues du liège et du plomb.

La fabrication, qui en était entièrement faite à la main anciennement, est maintenant faite à la mécanique. La matière employée est toujours le chanvre pour toutes les parties. L'usage de cet engin devient de plus en plus rare, surtout sur la côte Est, depuis Ténès.

4° Valeur de l'engin. — Le coût de cet art traînant varie, suivant les dimensions, entre 350 et 1250 francs, en y comprenant 600 mètres environ de cordes en alfa, pour les plus grands. Ces cordes vont de l'extrémité de chaque aile jusqu'au rivage. Le filet est souvent calé jusqu'à un mille au large de la plage.

5° Valeur du bateau. — Le seul bateau nécessaire à ce genre de pêche coûte, complètement gréé et suivant le tonnage, de 400 à 1.200 francs.

6° Espèces qu'il sert à capturer. — Rougets, grondins, pagels, marbrés, sars, ombrines, araignées, bogues, bourzouks, chiens de mer, goujons, gobies, turbots, soles, plies, carrelets, congres blancs, quelques poulpes, des seiches et des calamars, des crevettes et quelques crabes, espèces de fond. Quelquefois des poissons migrateurs : sardines, allaches, aloses, maquereaux, bonites et exaucets. Quelques loups aussi, quoique très dégourdis et des petits thons. Les mulets, pour mulets qu'ils soient, en se voyant cernés, savent très adroitement sauter par dessus la ralingue du liège et s'esquiver.

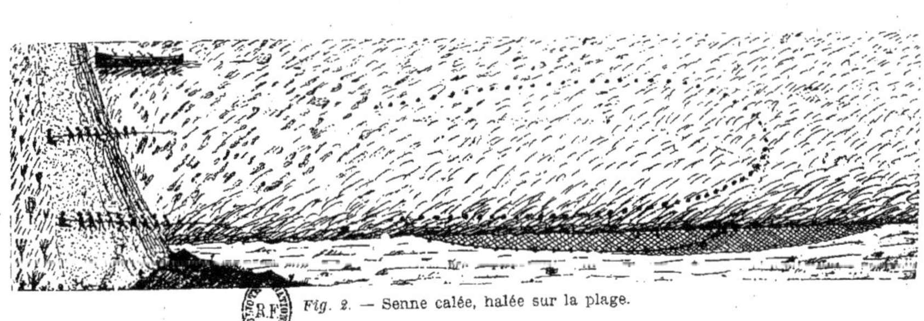

Fig. 2. — Senne calée, halée sur la plage.

Des marsouins, dont il est question plus loin à leur article spécial, gros poissons qui sont le cauchemar des sardiniers, se laissent quelquefois cerner et sont forcément pris. A leur échouement sur la plage ils reçoivent premièrement une belle distribution de bois quel qu'il soit, vert ou sec ; le mousse est celui de tous qui tape le plus fort et le plus longtemps, puis on les expose au village voisin pour faire voir leur grandeur, leur belle forme et surtout leurs belles dents, dont sont garnies leurs jolies mâchoires, qui ont déchiré tant de filets et empêché tant de fois les pêcheurs de gagner un morceau de pain.

7° *Conservation, raccommodage et teinture.* — Ce filet dure assez longtemps, 8 ans environ, ne souffrant pas beaucoup, étant calé assez lentement et dans des fonds unis, sablonneux et vaseux. Le halage est bien plus lent et pour cause, embrassant une si grande surface d'eau. De temps en temps des gros chiens de mer font quelques dégâts aux mailles faibles des ailes, mais les déchirures faites sont réparées vite et facilement. Une partie du maillage, près la ralingue plombée qui drague fortement le fond, doit de temps en temps être remplacée étant usée. Un passage à la teinture bouillante du filet entier est nécessaire quand le fil des mailles a perdu son brillant et devient étoupeux.

8° *Description du mode d'emploi. Manière de pêcher.*

CALAGE. — Le seul bateau nécessaire au calage, ayant à bord le filet et les cordes qui sont frappées au bout de chaque aile, laisse premièrement le bout de l'une des cordes à un homme resté sur le rivage, et part ensuite au large en la filant. Quand la moitié de la première aile est à la mer, le bateau commence à contourner en formant un grand demi-cercle, puis la deuxième aile, après la poche, est allongée à son tour et le bateau regagne le rivage en filant toujours l'autre corde.

HALAGE. — La senne (ou le bouliche) est ensuite hâlée vers le rivage (fig. 2) par les hommes de l'équipage aidés de ceux de la côte venus expressément, et par d'autres se trouvant à proximité dans les champs. Vingt personnes au moins sont nécessaires pour le halage, qui est dur et qui demande deux heures environ pour les plus grands engins.

Les hommes de l'équipage se partagent avec l'armateur le produit de vente de la pêche, tandis que les aides reçoivent pour leur travail un peu de poisson.

Cet énorme art traînant, très déprédateur, autant ou plus que le filet bœuf, puisqu'il râcle davantage le fond, étant de dimensions plus grandes, est calé de préférence près les embouchures des fleuves et des rivières, entre les rochers et autres points où le poisson se tient ou y venant à un moment donné pour y déposer le frai. Des menus poissons et des alevins sont détruits en grande quantité et inutilement sans pouvoir faire autrement.

Nous ne nous étendrons pas d'avantage au sujet de cet engin, qui tend heureusement à disparaître, faute de gain suffisant. Les autres catégories de pêcheurs, qui sont le nombre, ne s'en plaignent certainement pas. Actuellement, les points de pêche propices sont à peu près détruits. Et à l'heure actuelle, on n'en use encore un peu que dans certains points de la côte du quartier d'Oran. Il a pu exister sur la côte d'Algérie une cinquantaine de ces filets, environ.

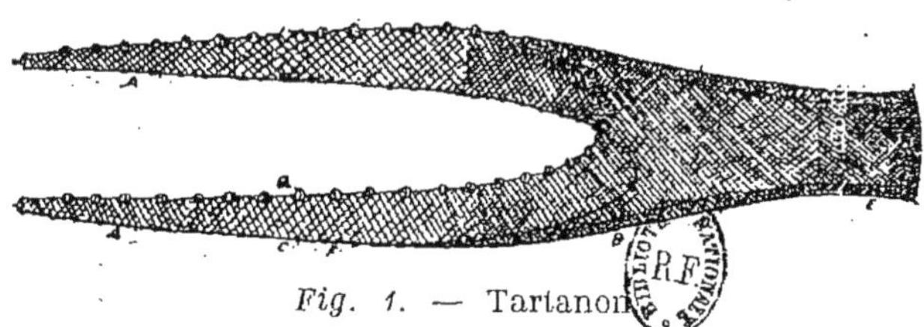

Fig. 1. — Tartanon

Une maille.

Nº 11 TARTANON

Tartanelle : même engin plus petit

(FILET TRAINANT)

———

Nom local de l'engin. — Tartanon.

1º *Description, dimensions, mailles, lest.* — Filet traînant, comme le « Bœuf » et la « Senne », composé de deux ailes et d'une poche.

A) Ailes, mesurant l'une 12 mètres de longueur sur 6 mètres de chute, près l'ouverture de la poche.

B) Manche et poche ayant 8 m. 50 de longueur sur 2 mètres de hauteur.

C) Mailles des ailes mesurant de 25 à 28 millimètres en carré.

D) Mailles de la manche de la poche mesurant de 15 à 18 millimètres en carré.

E) Mailles de la poche mesurant 11 millimètres en carré (voir Lois, Décrets, etc., pour cette dimension).

F) Lest en plomb, à la ralingue inférieure.

G) Lièges de la ralingue supérieure. Ces lièges, avec la ralingue, ne surnagent pas comme d'ailleurs à tous les engins traînants, sauf dans les petits fonds.

Le filet spécial à la pêche des chevrettes, anguilles, soclets et autres poissons de petites espèces qui à l'âge adulte n'atteignent pas le minimum de la taille réglementaire, n'est autre qu'un petit tartanon, spécialement destiné à la capture de ces espèces.

L'emploi de ce filet, non soumis aux prescriptions des articles 14, 15, 16 et 17 relatives à la dimension des mailles, doit être déclaré aux agents de la Marine.

Ce filet spécial ne peut servir qu'aux genres de pêche pour lesquels il a été déclaré. S'il est employé autrement, il est considéré comme prohibé et saisi (art. 19 du décret du 2 juillet 1894 et 7 §§ 3 et 14 de la loi du 9 janvier 1852).

Le tartanon (ou la tartanelle) est souvent transformé provisoirement en filet spécial en lui enlevant la poche qui est remplacée par une autre à mailles plus petites de 0ᵐ006.

2° *Provenance, fabrication et matière employée.* — Ces engins de pêche, de petites dimensions, qui provenaient anciennement d'Italie, sont actuellement fabriqués sur place et à la main par les pêcheurs eux-mêmes. La matière employée est toujours le chanvre.

3° *Valeur de l'engin et du bateau.* — Le coût d'un tartanon, y compris les cordes de halage en herbe de 40 mètres de long, est de 150 francs environ.

La valeur du bateau tout gréé monte à 1000 francs. C'est le même bateau dont se servent les pêcheurs au sardinal et au lamparo.

4° *Espèces qu'il sert à capturer.* — Rougets, rascasses, araignées, pagels, sars, marbrés, bogues, bourkouks, ombrines, mulets, loups, soles, turbots, plies, carrelets, raies, chiens de mer, seiches, poulpes et calmars.

Il y a dans les parages du port de Bône des chevrettes de grosse espèce dont 40 font le kilo et qui sont capturées par le tartanon proprement dit. Pour les petites chevrettes voir filet spécial au § 1.

5° *Conservation, raccommodage et teinture.* — Ce petit filet, qui a une durée de 4 années environ, est vite raccommodé quand une déchirure s'est produite, surtout aux ailes, ayant été calé trop près des roches du fond ou par tout autre accident. On le passe à la teinture bouillante de temps en temps et quand le fil a perdu son brillant.

6° *Lois, Décrets, Arrêtés, etc.* — Ce filet, dont les dimensions en longueur et en hauteur ne sont pas limitées, est, comme la senne, classé dans la 2° série de la 3ᵉ catégorie : filets traînants (art.13 du décret du 2 juillet 1894). L'art. 16 prohibe cet engin dont la plus petite maille aura moins de 20 millimètres en carré et en interdit l'emploi pendant les mois de mars, avril et mai. L'article 17 prescrit que les mailles doivent présenter les dimensions réglementaires quand le filet est imbibé d'eau.

L'article 4 de l'arrêté du 5 juillet 1894 concernant l'exercice de la pêche dans les quartiers d'Algérie, tout en mentionnant, également, que l'usage en est interdit pendant les mois de mars, avril et mai, en interdit en tout temps l'emploi dans certaines parties de la côte.

L'article 5, comme l'article 16 du décret susdit prescrit aussi que les mailles de la poche doivent mesurer 20 millimètres. Enfin l'article 6 tolère les mailles de la poche du tartanon à 11 millimètres jusqu'à un délai de un mois de l'application. Cette tolérance du 13 novembre 1895 dure encore (1908) et doit durer tant qu'un ordre contraire n'interviendra pas (voir § 2 de la Senne, art. précédent).

Mailles des filets ; comment elles sont mesurées (art. 17 du décret du 2 juillet 1894) (1). — « Les prescriptions relati-
« ves à la dimension des mailles des filets s'appliquent non
« seulement à la partie principale de chacun d'eux, mais en-
« core à leurs parties accessoires... » (2).

Dimensions réglementaires des poissons (art. 46 du même décret). — « Il est défendu de pêcher, de faire pêcher, d'ache-
« ter, de vendre, de transporter et d'employer en un usage
« quelconque : 1° Les poissons qui ne sont pas encore par-
« venus à la longueur de 10 centimètres, mesurés de l'œil
« à la naissance de la queue, à moins qu'ils ne soient réputés
« poissons de passage (tels que : sardines, anchois, allaches,
« maquereaux, bonites, aiguilles et thons), ou qu'ils n'appar-
« tiennent à une espèce qui, à l'âge adulte, reste au-dessous
« de cette dimension... » (Voir filet spécial au § 1er du même article.) (3)

Les poissons... non réglementaires doivent être rejetés à la mer (art. 47, toujours du même décret). — « Les pêcheurs
« doivent immédiatement rejeter à la mer morts ou vifs les
« poissons... capturés par eux et qui n'atteignent pas les
« dimensions fixées par l'article précédent 46. » (Art. 7, § 2 de la loi du 9 janvier 1852.) (4)

Le but que le décret du 2 juillet 1894 a voulu atteindre est entièrement compris dans les articles 17, 46 et 47, que les pêcheurs, dans leur propre intérêt, doivent rigoureusement observer.

---

(1) Une maille (voir fig. 1).

(2, 3 et 4) Ces prescriptions s'appliquent également aux pêcheurs : au bœuf et à la senne, art. nos 9 et 10.

7° Description du mode d'emploi. Manière de pêcher.

CALAGE. — Le calage du tartanon a lieu à toute heure, de nuit comme de jour. Pendant la nuit, la pêche a lieu par des fonds dénués d'accidents ; mais pendant le jour, les pêcheurs traînent leur engin près des roches sous-marines qu'ils longent le plus près possible. Les parages accidentés sont bien connus des pêcheurs par des repères relevés à terre.

Dans la manière de pêcher (fig. 2) : on mouille premièrement le grappin (A) en jetant en même temps à la mer l'orin ayant généralement comme flotteur un baril (B). A ce baril est d'avance frappée la corde de la première aile du filet mise à la mer (D) ; puis le bateau s'éloigne en décrivant une circonférence et revient au point d'où il est parti reprendre le baril. A ce moment, l'orin ou aussière du grappin est passé et amarré au bord opposé à celui du filet et le halage de ce dernier a lieu immédiatement (fig. 3). Les dispositions du calage et du halage sont les mêmes que celles du Lamparo et du Retz volant (n°⁵ 1 et 2, § 7), tout en allant plus lentement, mais tandis qu'à la pêche au lamparo-retz-volant le bateau va vers le filet, ici c'est le filet qui est hâlé vers le bateau en draguant le fond.

Le tartanon est également calé du rivage vers le large, dans les mêmes conditions que la senne, et hâlé sur la plage.

Nous avons dit à l'art. n° 1, « sardinal », que d'une manière presque générale les pêcheurs au sardinal usaient également du lamparo et du tartanon. En effet, pendant la saison de la pêche des sardines et des anchois, du mois d'avril au mois d'août, le tartanon reste remisé. Mais quand ces espèces, sardines et anchois, de passage, avec lesquelles les pêcheurs font les deux tiers de la campagne en gagnant 4 et 500 francs manquent, ce qui arrive trop souvent, ces mêmes pêcheurs sont obligés de se rabattre sur le tartanon pour vivoter. Dans ces cas malheureux, les fonds sont dragués plus que ce qu'il ne faut en tous sens, du rivage jusqu'à 50 mètres d'eau.

Par le nombre trop élevé de pêches journalières de quantités de pêcheurs, et quoique de petites dimensions, le tartanon porte un préjudice immense à la reproduction des espèces sédentaires en capturant le menu poisson, les alevins et en détruisant le frai déposé près de la côte. Avec les mailles de 20 millimètres réglementaires (art. 16) les poissons n'ayant pas atteint la longueur de 10 centimètres exigée et qu'on ne

Fig. 3. — Tartanon en pêche. Halage à bord.

Fig. 2. — Calage du Tartanon.

doit pas capturer, passent à travers les mailles en grande partie, le fond de la poche, peu chargé d'ailleurs flottant, le tartanon étant hâlé à bord lentement, tandis que les poissons ayant les dimensions réglementaires ne peuvent passer.Avec les mailles plus serrées et de 11 millimètres tolérées actuellement, tout reste.

D'un côté les bœufs, de l'autre sennes et tartanons draguent, labourent et détruisent les fonds à volonté en tous sens et partout. Pauvre mer ! pauvres pêcheurs qui détruisez vous-mêmes votre gagne-pain. Heureusement qu'une réserve reste par les viviers existant naturellement, les fonds accidentés ne permettant pas la pêche aux arts traînants partout.

8° *Vente à l'arrivée et prix.* — Les 30 ou 40 kilos de poissons divers de fond capturés journellement par chaque bateau, sont vendus au plus offrant à l'arrivée à terre, aux nombreux poissonniers aux prix variant entre 60 et 75 centimes le kilo.

QUATRIÈME PARTIE

Engins de Pêche Divers

Nº 12 PALANGRES

(ENGINS FIXES)

Nom local de l'engin. — Palangre.

1º *Description et dimensions.* — Cet engin de pêche, qui est inoffensif, puisque le poisson se prend de lui-même, n'est l'objet d'aucune réglementation en ce qui concerne son usage (Art. 20 du décret du 2 juillet 1894). Il se compose d'une ligne mère à laquelle sont fixées, de distance en distance, des lignes pendantes, appelées brassols, au bout desquelles est fixé un hameçon.

Les grosses palangres, appelées aussi « bourreaux », mesurent, d'une manière à peu près générale, 300 mètres en longueur ; les brassols ont un écartement d'une douzaine de mètres l'un de l'autre. Les pêcheurs ajoutent, à l'extrémité du brassol de ces grosses palangres très solides, 25 centimètres de fil de laiton, auquel l'hameçon est solidement fixé et la partie assujettie est entourée d'un cordonnet en coton. Elles sont garnies de 65 hameçons.

Les palangres fines ont 200 mètres de long et un brassol de 1 m. 20 de long, de 4 en 4 mètres. Ce sont les palangres ordinaires, celles les plus usitées.

D'autres palangres plus fines encore ont les brassols en crin de cheval garnis à l'extrémité d'une longueur de crin de Messine auquel l'hameçon est fixé : elles ont 100 hameçons.

Il y a aussi des palangres flottantes dont les brassols sont souvent entièrement en poil de Messine. Pour les maintenir à la surface, la ligne mère est garnie, par distances de 10 mètres, de petits flotteurs en liège. Cette palangre est spécialement destinée à la capture des loups, et les autres pour prendre les poissons de fond.

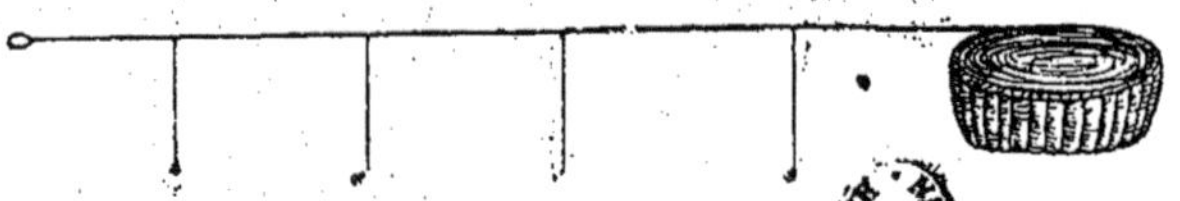

Fig. 1. — Palangre.

Les palangriers bien montés calent jusqu'à 25 palangres, jointes bout à bout.

Pour les grosses, la longueur est toujours moindre, ainsi que pour les flottantes.

Ces engins sont logés dans des couffes ou couffins ou dans des corbeilles (fig.1) qui sont garnies à la partie supérieure, intérieurement et tout autour, d'une lame de liège à laquelle sont piqués les hameçons. La palangre est ainsi prête à amorcer et à caler ensuite.

2° *Provenance et matière employée.* — Les palangres proviennent : d'Italie, de Malte, d'Espagne et de France, suivant le point de la côte et l'ancienne nationalité des pêcheurs ; les hameçons : d'Angleterre, de Malte ou de France.

La matière employée est toujours le chanvre ; les hameçons sont en acier.

Les palangres sont définitivement montées sur place par les pêcheurs eux-mêmes.

3° *Valeur de l'engin et du bateau.* — Une grosse palangre prête à être mise en usage revient, suivant la grosseur des lignes, à 10 francs environ. Les 15 nécessaires pour former l'engin complet valent donc 150 francs. Les lignes des flotteurs coûtent 10 francs environ, soit en tout 160 francs.

Une palangre ordinaire, toute montée également, arrive à valoir 5 francs l'une ; les 15, 20 ou 25 nécessaires, y compris les lignes des flotteurs formant l'engin complet, valent 80, 110 ou 135 francs. Celles dont les brassols sont en poil reviennent plus cher.

Bien des pêcheurs travaillent, suivant les parages, avec des longueurs moindres ou supérieures. Aucun réglement ne limite la longueur.

Le bateau dit « Palangrier », qui est généralement ponté et jaugeant de 1 à 2 tonneaux, coûte, tout gréé, de 400 à 750 francs.

Dans les eaux françaises de la Méditerranée, cette même pêche est pratiquée, très au large, en certains points par des pêcheurs spéciaux, avec des bateaux d'un tonnage plus fort, ayant des longueurs infinies de lignes. La mise à la mer et le halage ont toujours lieu à la voile. Quand la journée est favorable, les hommes de l'équipage gagnent de 20 à 30 francs, mais cette pêche au large (souvent à plus de 150 milles de la côte) ne peut avoir lieu chaque jour, car il faut remettre l'engin en état pendant les deux journées suivantes et le mauvais temps s'y oppose souvent.

4° *Espèces qu'il sert à capturer*. — Sars, pagels, dorades, rascasses, araignées, grondins, mérous, oblades, congres, murènes, anguilles (près de la côte), raies de plusieurs espèces, dont la milane avec son dard terrible au-dessus de la queue, denti ou dinde, mustelles, sarrans, chiens de mer, dont l'aiguillat et la moussolle, requins francs et requins marteau, chats tigrés, anges et autres variétés de poissons de fond, de vase et de roche. Quelquefois des merlans, dans les parages non dragués par les engins traînants, des langoustes, des homards, des cigales et des gros crabes. Quelquefois enfin, des St-Pierre (dorés) et des baudroies.

La palangre ne capture quelques langoustes que pendant les nuits claires, c'est-à-dire en pleine lune ; pendant les nuits sombres, ces crustacés ne se prennent pas à l'hameçon ; si quelqu'un s'y accroche, il meurt aussitôt, l'amorce avalée étant remplie de vers blancs qui rongent intérieurement la langouste. Pour les congres, c'est le contraire qui se produit : on n'en capture point pendant les nuits claires.

5° *Conservation, raccommodage et teinture*. — Cet engin de pêche se conserve assez longtemps. Après chaque séance de pêche, la palangre est débrouillée, les brassols cassés et usés sont remplacés, ainsi que les hameçons manquants et tordus. Ces petits dégâts occasionnés par les gros poissons, surtout par les murènes et les congres qui ne font que tourner quand ils se sentent pris, ont lieu journellement. Pour les dégâts occasionnés par les accidents de fond, voir le § 7, « Calage », après la fig. 2.

De temps en temps, on passe les palangres à la teinture bouillante pour les décrasser.

Pendant les nombreux jours de mauvais, d'hiver surtout, les pêcheurs doivent profiter de visiter à fond toutes leurs lignes, s'assurer que les torons des ajouts de la ligne-mère ne soient ni pourris, ni cassés ; de même si les ganses fixant les brassols à la ligne n'ont lâché aussi. Les lignes des flotteurs doivent être toujours en bon état. Les couffins sont raccommodés, le bateau nettoyé et repeint et la voilure et le gréement revus.

6° *Lois, décrets, arrêtés, etc.* — La pêche au palangre est autorisée en tout temps de nuit comme de jour, sans que la longueur des lignes en soit limitée (Art. 20 du décret du 2 juillet 1894). Les limites de la pêche maritime sont définies par l'article 6. La pêche dans l'intérieur des ports et des bassins du commerce est interdite (Art. 8), à moins d'autorisation du commandant de la marine. Est prohibé l'emploi de la palangre, comme d'autres engins, sur les points frappés d'interdiction (Art. 21).

Il est interdit d'employer comme amorces ou appâts, les poissons et les coquillages qui n'ont pas les dimensions réglementaires ; accepté pour les espèces qui, à l'âge adulte, ne parviennent aux dites dimensions (Art. 24 du décret du 2 juillet 1894).

Les lettres et numéros affectés à chaque bateau doivent être peints à l'huile ou gravés sur les bouées et autres flottes principales de l'engin de pêche (Art. 29 du même décret). L'article 30 interdit aux bateaux arrivant sur les lieux de pêche de nuire aux autres en se plaçant trop près. Il est interdit également aux pêcheurs d'amarrer ou de tenir leur bateau sur les filets, bouées ou attirail de pêche d'un autre pêcheur, ni de crocher, soulever ou visiter les filets ou engins qui ne leur appartiennent pas. L'article 31 ordonne au pêcheur qui croise ses lignes avec celles d'un autre, de ne pas les couper à moins de force majeure et, dans ce cas, la ligne coupée est immédiatement renouée. Il est parfois possible de relever la ligne du voisin à une hauteur suffisante pour pouvoir faire passer le bateau dessous et la rejeter à la mer par l'avant. C'est le cas d'un bateau sans mâture.

7° Description du mode d'emploi. Manière de pêcher. — Les palangriers amorcent leurs lignes avec des sardines, des allaches, des seiches et des calmars ; quand ces poissons et mollusques manquent, ils sont obligés de se rabattre sur les maquereaux et les bonites, espèces de moindre valeur comme amorces, leur chair trop molle ne tenant pas si longtemps, ni si bien à l'hameçon. Il arrive assez souvent que ces pêcheurs ne peuvent se livrer à leur travail, faute d'amorces.

Les palangres sont amorcées la veille, remises dans la cale du bateau et gardées pendant la nuit contre les chats qui, attirés par l'odeur du poisson, sautent à bord et se prennent à l'hameçon. En voulant se sauver, le chat entraîne une longueur de ligne et en embrouille une grande partie. On voit d'ici par les bonds et les miaulements, si la bête devenue terrible, est facile à approcher ; le meilleur moyen, dans ce cas, est de couper la ligne ou de tuer l'animal au plus vite, pour empêcher d'embrouiller davantage les palangres et de compromettre la pêche du lendemain.

Des jeunes gens ne s'avisèrent-ils pas un jour de caler une palangre le long d'une rue du village ? Plusieurs pauvres chats s'étant pris à l'hameçon, on peut se figurer la scène qui s'en suivit : l'un tirait d'un côté, l'autre de l'autre et personne n'osait, évidemment, les approcher pour les dégager. Le village fut sans dessus-dessous pendant une demi-journée (Calage, voir fig. 2).

CALAGE. — Premièrement, on projette le plus loin possible du bateau, le premier flotteur (A) qui entraîne sa ligne ; puis le lest (B) est mis à l'eau. A ce moment, les hommes aux avirons font avancer le bateau et la première palangre commence à filer à la mer. Quand le lest est rendu au fond, on imprime au bateau la vitesse nécessaire et l'engin complet est immergé dans l'espace d'une demi-heure environ. Le dernier flotteur avec son guidon est à son tour jeté à la mer. Pendant que la palangre file et tout en jetant à mesure les hameçons amorcés à la mer, le caleur doit faire bien attention que la ligne filant du couffin, ni aucun brassol ne s'embrouillent, ce qui pourrait être cause qu'une partie et même une palangre entière aille d'un seul coup à la mer, au lieu d'être bien allongée au fond. Le patron et ses hommes, qui n'ont pas perdu de vue, pendant ce temps, le premier flotteur, dirigent ensuite vers celui-ci le bateau qui se tient à proximité quelque temps, et l'engin est ensuite relevé après avoir pêché pendant deux heures environ, en commençant par l'extrémité mise à la mer la première.

Quand on monte un poisson, pour petit qu'il soit, tant qu'il est encore vivant, on sent les secousses ; quand on a affaire à un gros, un homme se tient prêt à le prendre à la surface au moyen du salabre ou du croc, suivant la forme de l'animal, et non l'embarquer sur l'hameçon, car la ligne pourrait casser et perdre le poisson capturé.

Le même homme qui relève la palangre la love en même temps et à peu près dans le couffin ; ceux aux avirons scient en arrière quand le vent trop frais vient de la direction où il faut diriger le bateau vers l'engin ou qu'il y a de la mer. Souvent, la ligne siffle dans les mains calleuses du pêcheur quand le halage est difficile, par rapport au vent trop frais ou à la grosse mer ou par une tenue au fond. Il arrive souvent aussi que la palangre s'engage dans un rocher ; dans ce cas, on essaye de la dégager premièrement, en dirigeant le bateau un peu dans tous les sens ; si on ne réussit ainsi, on coupe la ligne de la palangre et, à la partie venant de la mer, on y passe une couronne en fer ou en grès qui glisse jusqu'au fond et laquelle, par son poids, fait appuyer la ligne au fond et, le bateau allant dans une direction diffé-

Fig. 2. — Vue d'une partie de palangre calée. Deux flotteurs, le 3° et le 4° plus loin.

rente, la fait décapeler de l'aspérité du rocher, puis la couronne est remontée par sa propre ligne. Enfin, si l'engin ne peut être dégagé, on coupe et on lâche tout, puis on va reprendre au flotteur suivant. Ces accidents causent souvent la perte d'une partie de l'engin, perte attribuée aux gros poissons, aux congres et surtout aux murènes, qui entraînent les lignes dans leurs cavités des roches. Les courants violents y sont aussi pour quelque chose.

L'engin étant relevé, le bateau revient chaque jour à terre vendre le produit de la pêche.

VENTE DU POISSON. — La vente a lieu par petites corbeilles de 8 à 10 kilos, et au plus offrant. Le prix du kilo varie entre 0,60 et 0,80 entre le pêcheur et le premier acheteur. Assez souvent, en certains points de la côte, les pêcheurs vendent directement à la consommation publique le produit de leur pêche. Cette catégorie de pêcheurs pratiquent généralement, et suivant les saisons, la pêche de la palangre et celle des nasses aux langoustes (Article suivant n° 13).

8° *Parages et saisons de pêche.* — Les meilleurs parages pour la pêche à la palangre, lignes ou cordes (c'est tout un), sont les fonds rocheux ou mixtes, roche et vase, pour la capture : des mérous (dits mérots), des congres, des murènes, des mustelles et autres espèces dites de roche. Quelques pêcheurs ont la spécialité des fonds vaseux et sablonneux ; ils capturent dans ces fonds plats : des raies, des chiens de mer, des anges, des pagels, des ombrines, des congres blancs, des grondins, des rascasses, etc...

La profondeur maximum pour la pêche à la palangre est de 50 à 60 brasses.

La meilleure saison et pendant laquelle on capture le plus de poissons, est évidemment celle d'été ; mais pendant les mois d'avril, mai, juin et juillet, la pêche est plus abondante, surtout pour les mérous pesant jusqu'à 20 kilos. La chair du mérou, que les pêcheurs espagnols appellent la viande de mer, est sûrement l'une des plus estimées. Ces gros poissons, quand ils sont capturés vivants, vivent assez longtemps dans des viviers, d'où on les retire, au fur et à mesure, pour la vente.

9° *Gain annuel et rapport du capital.* — Les pêcheurs à la palangre sont tous engagés à la part. Les matelots ont chacun une part et le patron une part aussi. Le gain annuel est de 900 à 1.000 francs. Aucune nourriture en commun n'a généralement lieu à bord, le retour au port ayant lieu chaque jour, dans l'après-midi. Les deux principaux repas peuvent être faits dans la famille.

Le bateau et les engins de pêche n'étant plutôt, ici en Algérie, qu'un outil de travail pour les marins embarqués et sans but pour l'armateur, qui est presque toujours le patron, de faire rapporter le capital, ne retirent ensemble qu'une seule part. Mais, dans ce cas, une grande partie des dégâts, qui sont journaliers, est supportée par le produit de la pêche qui est partagé, déduction faite des frais divers. L'achat de neuf, excepté celui destiné au raccommodage, est toujours à la charge de l'armateur.

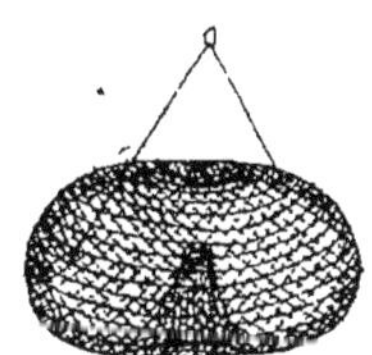
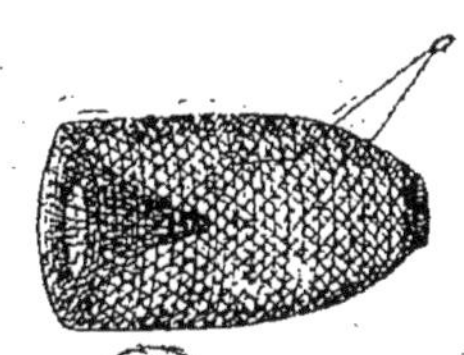

Fig. 2. Panier et Nasse. Fig. 1.

Nº 13 NASSES & PANIERS

(ENGINS FIXES)

—

Nom local de l'engin. — « Nassa » en italien ; « Nança » en espagnol.

1º *Description, dimensions.* — Ces deux engins sont construits sur place par les pêcheurs eux-mêmes, généralement. Ils se composent de verges de myrthe horizontalement placées et de lames de roseau croisées ; le tout est saisi ensemble avec du fort fil. L'orifice inférieur en forme d'entonnoir, suffisamment large pour le passage d'une langouste, est fait d'ajoncs ; il pénètre dans l'intérieur de la nasse. L'ouverture supérieure servant à retirer les crustacés capturés, est bouchée au moyen d'un cercle à mailles de cordes. C'est un engin de pêche inoffensif.

Fig. 1. — Nasse à langoustes : hauteur 1^{m}20 ; circonférence 2^{m}50.

Fig. 2. — Nasse à poissons : hauteur 0^{m}65, circonférence 2 mètres.

La petite nasse dite « girelière », semblable à la figure 2, en myrthe ou en fil de fer, est de dimensions moindres. Les suspensoirs, lignes (A) servent à fixer la nasse à la forte ligne de calage formant le chapelet (voir fig. 3).

2º *Valeur de l'engin et du bateau.* — Chaque nasse ou panier, suivant les dimensions, a une valeur de 6 à 10 francs. Une quinzaine environ formant l'engin de pêche complet arrivent à valoir, y compris la ligne mère du chapelet et les lignes des flotteurs, 160 francs environ.

Le bateau tout gréé a une valeur de 6 à 700 francs. C'est le même bateau dont se servent les palangriers.

3° *Espèces qu'il sert à capturer*. — Homards, langoustes et cigales. Les nasses ou paniers à poissons capturent : congres,, murènes, dorades, sars, pagels, mustelles et quelques autres espèces sédentaires.

4° *Lois, décrets, arrêtés, etc...* — L'usage des nasses est autorisé de nuit comme de jour pendant toute l'année, excepté pendant les mois d'octobre et de novembre, époque du frai (art. 12 du décret du 2 juillet 1894). Il est défendu de pêcher, de faire pêcher, d'acheter ou de vendre les homards et les langoustes au-dessous de vingt centimètres mesurés de l'œil à la naissance de la queue et de capturer en tout temps les femelles grainées de toutes dimensions (art. 46).

Les pêcheurs doivent rejeter immédiatement à la mer, morts ou vifs, les crustacés qui n'atteignent pas les dimensions réglementaires, ainsi que les femelles grainées (art. 47 du même décret. Il est interdit d'employer comme appât les poissons qui n'auraient pas les dimensions réglementaires ; toutefois ceux qui, parvenus à l'âge adulte, restent au-dessous de ces dimensions (10 centimètres) peuvent être employés (art. 24). Les lettres et numéros affectés à chaque bateau doivent être peints à l'huile ou gravés sur les bouées et autres accessoires de pêche (art. 29).

Il est interdit aux pêcheurs arrivant sur les lieux de pêche de nuire aux autres en se plaçant trop près (art. 30), également d'amarrer ou de tenir leur bateau sur les filets, bouées ou attirail de pêche d'un autre pêcheur. Le pêcheur qui croise ses lignes avec celles d'un autre ne doit pas les couper à moins de force majeure, et, dans ce cas, la ligne coupée est immédiatement renouée (art. 31). Il est parfois possible de relever la ligne croisée à une hauteur suffisante pour pouvoir faire passer le bateau dessous et la rejeter à la mer par l'avant. C'est le cas d'un bateau non mâté.

5° *Description du mode d'emploi*. — Les parages rocheux où l'on capture les homards, les langoustes et aussi les cigales sont bien connus des pêcheurs par des relèvements pris à terre. Pendant les temps brumeux, ces professionnels atteignent les fonds recherchés au moyen de la sonde.

La capture des poissons, à la nasse, panier ou casier, a toujours lieu sur les fonds plats ou peu accidentés.

L'usage de ces engins n'a lieu que pendant la bonne saison d'été. En hiver le temps étant trop souvent mauvais, les risques seraient trop répétés. En effet, les bouées des flotteurs disparaissant sous l'eau par l'effet des courants violents, ne

Fig. 46. — Nasses calées. Le bateau retourne au port.

pourraient souvent être retrouvées et les lignes en se rompant seraient la cause de la perte de l'engin.

En tout cas, les dégâts et les pertes dépasseraient le gain des quelques jours favorables.

CALAGE. — Dans la matinée, le bateau emporte une première provision de 8 ou 10 nasses, préalablement amorcées à terre. L'amorçage consiste à saisir en leur milieu avec une ligne un paquet de sardines, d'allaches ou de maquereaux ou à défaut des bonites découpées, la ligne est ensuite fixée de chaque côté de la nasse par l'ouverture supérieure. Les amorces doivent se trouver en face de l'ouverture inférieure près l'extrémité de l'entonnoir. Arrivé sur les lieux de pêche, on commence l'opération du calage en projetant le plus loin possible le premier flotteur (A), puis on coule son lest tout en filant la ligne mère y attachée, et on jette à la mer, à mesure que le bateau avance, les nasses fixées par leur suspensoir et à distance à la ligne mère qui file toujours. Le second lest et son flotteur sont immergés à leur tour et on continue jusqu'à ce que tout soit à la mer.

Les nasses sont munies chacunes d'un lest, caillou de 8 à 10 kilos, qui les fait descendre plus vite au fond et où il les maintient fixes et couchées. L'opération terminée, le bateau rentre au port. Le lendemain, chargé d'une nouvelle provision de nasses, le bateau revient sur les lieux, visite premièrement celles mises à la mer la veille, en retire les crustacés, les réamorce et les rejette à l'eau à mesure. Cette première opération terminée, les nouvelles nasses sont ajoutées à la suite, allongeant ainsi le chapelet. Le même travail est répété jusqu'à ce que le nombre de nasses formant l'engin complet, soient immergées.

Chaque jour, ensuite, à moins que le mauvais temps n'empêche, l'engin complet est visité, les langoustes sont retirées des nasses, lesquelles sont réamorcées sur place et filées à la mer à mesure. Sans que cela paraisse, ces opérations sont un gros travail souvent rendu difficile par l'état de la mer : forte houle ou vent trop frais.

Chaque vingt jours environ, les nasses sont relevées et reportées à terre pour être réparées et pour les faire sécher.

Ce genre de travail est pratiqué généralement par les Maltais, surtout sur la côte Est. Ces pêcheurs sont toujours inquiets de leur engin calé au large, parce que trop souvent d'autres pêcheurs apercevant les flotteurs les hâlent, visitent quelques nasses, en retirent les langoustes et les rejettent à la mer n'importe comment. Aussi y en a-t-il qui dissimu-

lent les flotteurs de leur engin en les noyant quelque peu
au moyen d'un lest et en retirent le guidon. N'étant noyés
qu'à fleur d'eau et repérés à terre, avec soin, les dits flotteurs sont retrouvés assez facilement. Ce cas, on le comprend,
n'est pratiqué que quand la nécessité s'impose et pendant la
bonne saison seulement, car, quand le courant tire un peu,
les flotteurs se noient de trop ; on ne les retrouve qu'après
de longues recherches et même pas du tout dans la journée.

La vente des Homards et des Langoustes a lieu généralement à l'encan. Quelques pêcheurs vendent cependant, d'a-
vance, le produit de leur pêche aux propriétaires de viviers
à langoustes et aussi à des restaurants du littoral pendant la
saison des bains. D'une manière à peu près générale sur
toute la côte, les homards, les langoustes et les cigales se
vendent à 2 fr. 50 le kilo. On capture également des cigales
le long de la côte rocheuse en plongeant un salabre à long
manche, mais il faut de l'adresse et aussi une bonne vue
pour les apercevoir. Celui qui boit trop d'absinthes dans la
journée et que cette boisson et autres alcools ont rendu trem-
blant et abruti, n'est bon tout au plus qu'à recueillir des
oursins et des patelles.

6° *Gain annuel et rapport du capital.* — Les pêcheurs aux
langoustes, comme les pêcheurs à la palangre, sont engagés
à la part. Le patron, généralement propriétaire en même
temps du bateau, ne touche qu'une seule part comme les
matelots. Le gain annuel par part est de 800 à 1.000 francs.
Comme à la pêche de la palangre aucun frais de nourriture
pour les hommes de l'équipage n'a lieu à bord. L'engin et
le bateau n'étant généralement aussi qu'un outil de travail
sans but de grand rapport du capital, les frais occasionnés
par les dégâts aux nasses et aux lignes sont couverts sur le
produit de la pêche, qui est partagé après déduction également du coût des amorces. Les grandes réparations du bateau, ainsi que l'achat du neuf sont à la charge du propriétaire. Les nouvelles nasses sont fabriquées par les hommes
de l'équipage pendant les jours de mauvais temps.

Une grande partie de ces pêcheurs usent alternativement
et suivant les saisons des nasses et des palangres. L'autre partie se sert excluivement de l'un ou de l'autre de ces engins.
Ces deux catégories de pêcheurs se livrent aussi pendant
la saison des bonites et des maquereaux à la capture de ces
espèces, à la ligne traînante, pendant l'aller et le retour du
lieu de pêche des langoustes ou de la palangre, s'approvi-
sionnant ainsi d'amorces qu'ils n'ont pas à acheter.

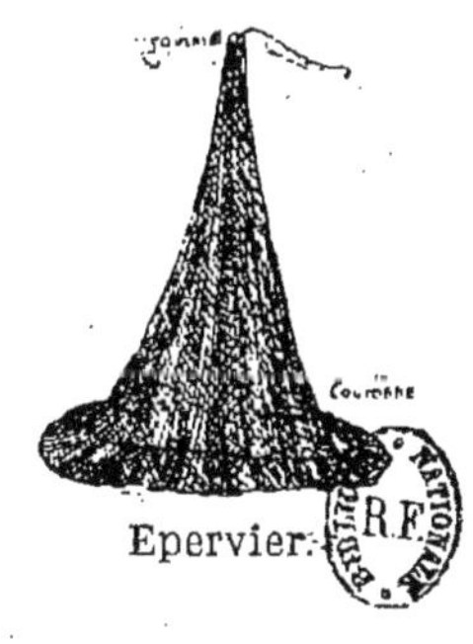

Epervier.

N° 14 ÉPERVIER

(Filet traînant et flottant)

Nom local de l'engin : « Raïlle », en espagnol ; « retchaïll » ou « ouatche », en italien.

1° *Description, dimensions, lest, mailles.* — Ce filet se compose d'une nappe s'élargissant du sommet jusqu'à la couronne. Une ligne pénétrant par le sommet se ramifie dans l'intérieur en plusieurs lignes plus fines qui vont se fixer à la couronne ou ralingue plombée.

Hauteur de l'engin : 1 m. 75 ; circonférence de la couronne, sans fin : 3 m. 50 ; lest : 5 kilos en balles de plomb bien unies. Le sommet commence à 100 mailles pour finir à 500 à la base. Ces dimensions sont les plus usitées pour la pêche en mer.

2° *Fabrication, matière employée et valeur.* — On fabrique ces engins un peu partout et à la main. Les pêcheurs de profession se les montent eux-mêmes. Les amateurs s'en procurent chez les marchands ou s'en font fabriquer par les pêcheurs. Les matières employées sont le chanvre et le coton ; on en trouve aussi en soie.

Le coût d'un épervier prêt à servir est de 8 à 12 francs, celui en soie est plus cher évidemment.

3° *Lois, décrets, arrêtés, etc.* — Cet engin est classé dans la seconde série des filets traînants, même lorsqu'il en est fait usage en bateau (art. 13 du décret du 2 juillet 1894). Les plus petites mailles doivent mesurer 20 millimètres en carré quand le fil est imbibé d'eau (art. 16 et 17 du même décret) et l'emploi en est interdit pendant les mois de mars, avril et mai.

4° *Espèces qu'il sert à capturer.* — Mulets, loups, ombrines, salpes, sars, dorades et quelques autres espèces de la mer. Dans les rivières : barbeaux, ombres et quelques autres espèces.

5° *Descripiton du mode d'emploi.* — On installe l'épervier de la façon suivante : la plus grande partie est tenue à sa mi-hauteur par la main droite ; une autre partie est étendue le long du bras gauche depuis l'épaule jusqu'à la main ; la ligne est fixée au poignet droit par un nœud coulant pour qu'elle n'échappe pas. Sitôt les poissons aperçus, tels que les salpes venant brouter l'herbe près du rivage, on s'approche le plus possible, baissé et sans bruit, et au moment voulu on lance adroitement l'engin. La couronne, par le poids relativement fort des plombs, s'applique immédiatement au fond et le poisson est pris. L'épervier est ensuite hâlé à soi doucement, en ayant soin de laisser traîner au fond et sans sursauts la ralingue plombée dont le tout doit se rallier ensemble et former les poches, les lignes ayant ramené la couronne vers le sommet ; le poisson à ce moment ne peut plus s'échapper.

Dans les fonds très vaseux des fleuves et des rivières, il arrive souvent, avant que les plombs de la couronne soient ralliés ensemble, que les mulets ou les loups ont eu le temps de pénétrer dans la vase et ne peuvent être pris, et le pêcheur de se dire : « Cependant j'ai bien lancé mon coup ! ». C'est la pêche au filet traînant.

De sur la pointe d'un rocher ou sur un bateau, le pêcheur dissimulé le plus possible lance l'engin en tirant immédiatement à lui la ligne, qui a pour effet de ramener de suite les plombs de la couronne vers le sommet du filet ; les poches se sont formées en même temps, contenant les poissons pris au vol. Le filet n'a pas touché le fond. C'est un coup de grande adresse que l'on ne réussit pas toujours.

Pendant les jours où ils ne vont pas à la mer, un certain nombre de pêcheurs de profession capturent, au moyen de l'épervier, des quantités de salpes à la faveur de l'eau troublée par le clapotis des vagues battant le rivage.

L'épervier, engin de pêche minuscule et inoffensif, est plutôt considéré comme un engin de fantaisie pour amateurs,

Pêche à l'épervier.

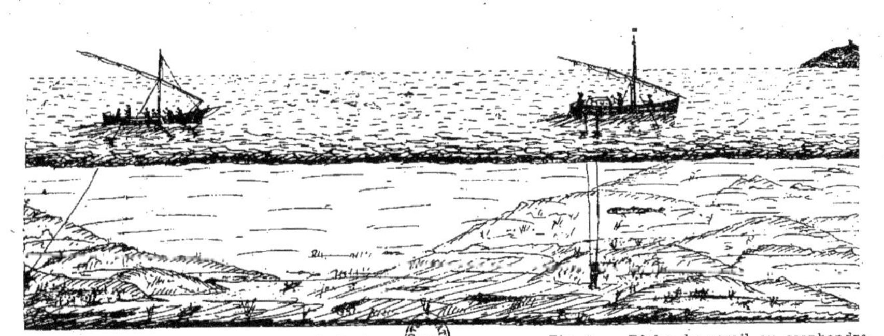

Fig. 1. — Pêche du corail au moyen de la Croix.

Fig. 2. — Pêche du corail au scaphandre.

Nº 15 PÊCHE DU CORAIL

(ENGIN RACLANT LES ROCHERS)

———

Le décret du 22 novembre 1883 fixe les conditions de la pêche au corail et l'emploi des engins autorisés. Les pêcheurs au corail ne peuvent se servir que d'une croix en bois (fig. 1) ayant à son centre un poids assez lourd pour la faire descendre au fond et l'y maintenir. Des lambeaux de filets de sardinals, de trémails et autres assez fins et hors d'usage, sont fixés à la dite croix par longueurs pendantes de 1 m. 50 environ. — Après calage de l'engin, le bateau avance lentement et promène sur les flancs des rochers coralifères sous-marins, l'engin qui arrache à son passage les branches du pied de corail et, malheureusement, souvent le plant entier. Le patron, en tenant à la main l'aussière de la croix, perçoit par les petites secousses cassantes, comment l'engin se comporte au fond et, quand il ne drague plus les roches, le mouvement lâche l'indique. Le bateau vire alors de bord pour revenir aux fonds rocheux. Après une heure et demie environ de dragage, la croix est hâlée à bord et le corail en est retiré des mailles des filets. La même croix est ensuite réapprovisionnée de filets, en remplacement des parties restées accrochées au fond et le travail continue.

Le mode de récolte du corail, au moyen du scaphandre, est certainement le meilleur, puisqu'on travaille ainsi avec beaucoup moins de chance de récolte, le plongeur allant lui-même rechercher le corail, dont il choisit les plus belles branches, en respectant les plus petites (fig. 2). Dans ce cas, pas de destruction des jeunes pousses.

Ce système au scaphandre a cependant un défaut : celui de ne pouvoir récolter le corail plus au large d'une profondeur d'eau déterminée, tandis que la croix peut être calée jusqu'à 100 mètres de fond.

1° *Gisement des bancs de corail le long de la côte.* — Dans le quartier maritime d'Oran, entre Beni-Saf et Mers-el-Kebir, existent cinq ou six bancs de corail passablement larges ; sur le cap Carbon, près d'Arzew, trois ou quatre. Ces bancs sont assez fournis en coraux rouges.

Dans le quartier d'Alger, un banc assez vaste gît près de l'îlot aux Fourmis, situé à 12 milles de la côte, au large du village de Gouraya ; plusieurs autres, dans le golfe de Castiglione, gisent à 7 et 8 milles au large entre le cap Chenoua (Raz-el-Amouch) près de Tipaza, et la pointe de Sidi-Ferruch, pointe appelée « torre chica » (petite tour) par les pêcheurs. Ces bancs de corail rouge sont peu fournis.

Dans le quartier de Philippeville : deux bancs existent entre le cap Bouak, près de Bougie, et l'île Pisan ; cinq ou six dans les parages Est et Ouest de Djidjelli sont assez proches de la côte ; enfin six ou sept entre Collo et le cap de Fer sont près de terre également.

Tous ces rochers corallifères, à l'exception de cinq ou six, sont très appauvris.

Le quartier de Bône est privilégié sous le rapport du nombre et de la richesse des bancs corallifères. A partir du cap de Fer jusqu'à l'île de Tabarka (Tunisie) on trouve du corail. Les parages de La Calle sont les mieux fournis en coraux rouges et roses.

2° *Lois, décrets, arrêtés, etc.* — Le décret du 22 novembre 1883, déjà cité en tête du présent article n° 15, fixe les conditions de la pêche du corail et l'emploi des engins autorisés. La pêche du corail est réglementée par un décret spécial à cette pêche (art. 9 du décret du 2 juillet 1894). C'est ainsi qu'un décret du Gouverneur Général de l'Algérie, en date du 15 mars 1899, article 4, divise le littoral algérien en trois zônes. Savoir :

1° De la frontière de Tunisie au Cap de Fer, entre Bône et Philippeville ;

2° Du Cap de Fer à la limite du département d'Alger, qui est celle également du quartier d'Alger. Cette limite se trouve à l'Ouest de Ténès, près de l'île Colombi ;

3° De la limite Ouest du département d'Alger jusqu'à la frontière du Maroc.

Le même décret du 15 mars 1899, réserve l'exercice de la pêche du corail aux bateaux français dont les équipages, composés conformément à l'acte de navigation du 21 septembre 1793, ne peuvent comprendre des étrangers que dans la proportion du quart des effectifs.

Les bateaux, également français, pêchant en dehors des eaux territoriales (3 milles) peuvent exceptionnellement composer leur équipage de moitié de marins étrangers. Le patron doit toujours être un inscrit maritime français.

Un arrêté du Gouverneur général, en date du 2 juin 1899, faisant application de l'art. 4 du décret du 15 mars 1899 susdit, a fixé à partir du 1er octobre 1899, pour une durée de cinq ans, la pêche du corail dans chaque zône, en commençant par la première zône s'étendant de la frontière de Tunisie jusqu'au cap de Fer. Tandis qu'en même temps la pêche est interdite dans les deux autres zônes, qui doivent rester alternativement en repos pendant dix ans.

Cette réglementation nécessaire, qui a été bien accueillie des pêcheurs, permettra d'assurer la repousse du corail et les nombreux bancs se repeupleront.

Comme précédemment, les instruments en fer : dragues, grattes, etc., sont prohibés ; la croix ne peut non plus porter aucune garniture métallique.

Les contrevenants sont punis conformément aux dispositions du § 3 de l'article 7 de la loi du 9 janvier 1852.

Une prime de 300 francs, pour l'armement à la pêche du corail exclusivement, a été instituée par arrêté du Gouverneur général de l'Algérie en date du 31 décembre 1904. Pour avoir droit à cette prime, l'armement doit avoir au moins une durée de quatre mois. La moitié de la prime, soit 150 francs, est payable à l'armement, l'autre moitié au désarmement.

3° *Vente du Corail.* — Actuellement le corail rouge, seule espèce existant dans la deuxième et troisième zône (le corail rose se trouvant dans la première zône) se vend au prix de 50 à 60 francs le kilo. Un armateur de La Calle a exploité, en juin 1905, les parages de l'île de Mansouriah (syndicat de Djidjelli) et a vendu, à Bône, 40 kilos de corail rouge qui a été recueilli dans l'espace de neuf jours, au moyen du scaphandre. Pendant les années 1908-09, quatre corailleurs du port d'Alger ont exploité les mêmes parages au moyen du scaphandre et de la croix ; l'un a récolté dans l'espace de 2 mois, 300 kilos de corail rouge, qui a été vendu à 50 francs le kilo, soit 15.000 francs. Les trois autres bateaux en ont récolté un peu moins.

N° 16 PALANGROTTE

———

Ce petit engin, dont se servent principalement les amateurs, se compose d'une ligne fine munie de deux hameçons
et d'un lest de plomb à l'extrémité. Quand la ligne est en
pêche, on doit de temps en temps faire sursauter le lest au
fond ; à ce moment les hameçons amorcés frôlent la vase
ou la roche. On amorce de préférence les hameçons avec des
vers à appâts ramassés dans la vase marine, vers appelés
« coucara », et avec des intestins de sardines.

Les espèces sédentaires qu'on capture sont : les pagels, les
oblades, dorades, sârs, ombrines, mustelles, murènes, bourzouks, congres, girelles et, suivant les parages, des anguilles.
Aucune réglementation n'existe pour cet engin excepté qu'on
doit, comme à toute pêche, rejeter à la mer les poissons
n'atteignant pas les dimensions réglementaires (art. 20 du
décret du 2 juillet 1894).

On pêche les calmars et les seiches au moyen d'une turlute, objet en plomb rond, plat au-dessus et finissant en
pointe au-dessous. A la partie supérieure est un petit piton
auquel s'attache la ligne que des aiguilles rapprochées entourent. Pendant la pêche cet instrument doit constamment
être agité dans le sens de haut en bas. Les calmars et les
seiches, croyant avoir affaire à un de leurs congénères, viennent s'y accrocher. Quand on sent l'animal, on doit tirer la
ligne vite et le prendre à fleur d'eau au moyen d'un salabre.

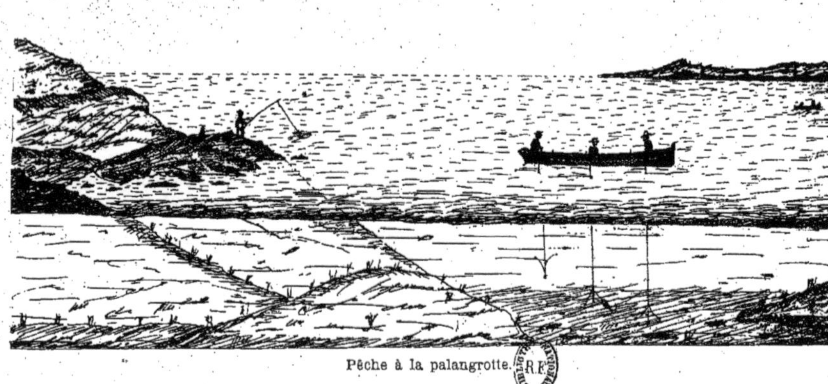

Pêche à la palangrotte.

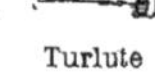

Turlute

Pêche à la Bonite et au Maquereau aux lignes traînantes.

N° 17 PÊCHE AUX LIGNES TRAINANTES

Description de l'engin. — Les lignes servant à la capture des bonites et des maquereaux sont des engins de pêche inoffensifs, puisque les poissons se prennent d'eux-mêmes. Aucune réglementation n'existe pour cet engin vu qu'il n'y a pas lieu (art. 20 du décret du 2 juillet 1894).

L'engin se compose d'une ligne fine, en chanvre, d'une vingtaine de brasses de long, au bout de laquelle est joint 30 centimètres environ de crin de Messine à l'extrémité duquel est un hameçon (on pêche avec deux crins et deux hameçons sur la même ligne quand les poissons sont encore petits) qui est garni de plumes de goëland que les bonites et les maquereaux voraces happent au passage, croyant avoir affaire à une petite sardine, et se trouvent pris. Un lest en plomb, du poids de 200 grammes environ, fixé à l'ajout de la ligne et du crin, sert à maintenir l'engin immergé à un mètre de la surface, à peu près, pendant la course du bateau. Chaque bateau, comme c'est démontré, peut traîner quatre ou cinq lignes qui sont écartées le plus possible au moyen de roseaux poussés en dehors.

Ce mode de pêche ne sert qu'à la capture des bonites et des maquereaux. Quelquefois les poissons appelés étoiles se prennent aussi à l'hameçon, ainsi que des araignées et des loups, mais près des plages.

Une espèce ressemblant à la bonite, appelée « bacore », est capturée à 4 et 5 milles de la côte par des pêcheurs d'Oran et d'Arzew, principalement, qui parcourent journellement une partie de la côte, rentrant le soir au port le plus proche ou s'abritant dans une crique. Un mois après, environ, et à leur arrivée à Alger, ils vendent leur produit, qui a été salé à mesure, à très bon prix. Ces mêmes pêcheurs se remettent ensuite en campagne et à leur retour à Oran, ils vendent de nouveau le produit de la nouvelle pêche.

Toutes ces espèces de poissons migrateurs commencent à paraître en mai pour disparaître en septembre. — La pêche des bonites et des maquereaux est facile ; tout le monde peut la pratiquer ; les amateurs, avec leur bateau armé en plaisance, ne manquent pas.

N° 18 FOËNES, DARDS ET HARPONS

L'emploi des foënes, des dards et des harpons, instruments desquels on ne se sert d'ailleurs guère, n'est pas réglementé (art. 20 du décret du 2 juillet 1894).

1. *Foëne*. — Instrument de pêche à forme de râteau à sept dents pointues et acérées.

Le pêcheur qui est aux aguets sur la pointe d'un rocher, se dissimulant le plus possible, lance sa foëne sur le gros poisson : loup, mulet ou ombrine, passant à bonne portée.

Il faut avoir acquis par l'habitude une certaine adresse pour atteindre adroitement un poisson, que si les pointes de l'instrument ne pénètrent pas bien dans la chair, le dit poisson en se débattant se décroche et c'est peine perdue.

2. *Dard*. — Instrument dont on ne se sert presque plus et qui servait plutôt à la capture des cétacés : marsouins, espadons, gros requins et autres grosses bêtes. Après que le dard avait pénétré dans sa chair, l'animal en se débattant furieusement, s'en dégageait assez facilement. C'est pour cela que le dard a été presque abandonné et remplacé par le harpon.

3. *Harpon*. — Ce terrible instrument à pointe aiguë et tournante, à charnière, sert principalement pour la capture des baleines. Dans la Méditerranée et l'Océan on s'en sert, comme partout d'ailleurs, pour harponner les marsouins à portée, histoire de s'amuser. En pénétrant dans la chair de l'animal, une bague en cuir, qui maintient appliquée le long de la tige du harpon la partie supérieure de la pointe formant une dent (fig.3), se dégage et la pointe, partie à charnière, se mettant en travers (fig. 4) dans la chair, l'animal est pris ne pouvant se dégager.

Souvent en hâlant à bord le filet sardinal (art. 1er, fig. 3

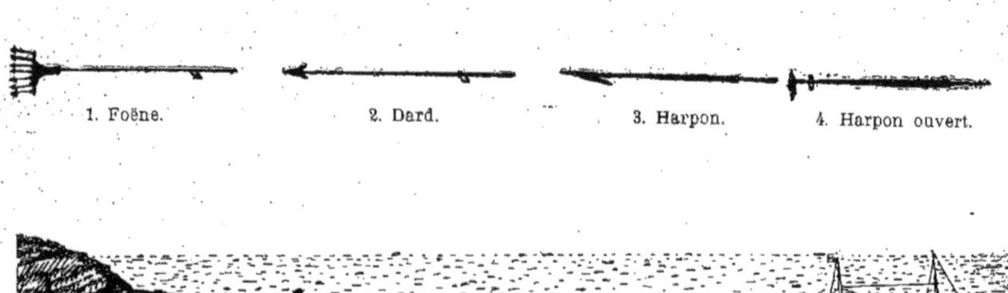

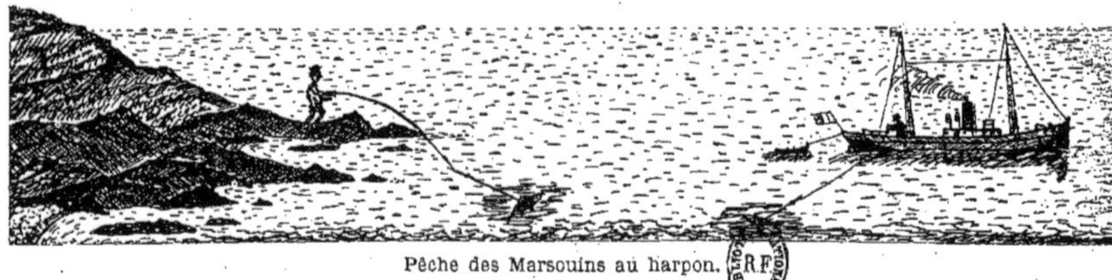

Pêche des Marsouins au harpon.

et 4), des marsouins venant brouter les sardines jusqu'à deux mètres du bateau peuvent être facilement harponnés.

— *Mira, José, este tocino de dalfi a tocar, que mostra la pancha ben guarnida de sardasses ? Alle, pique lo, achine no se bourlera mess de nos altress.*

Traduction : Regarde, Joseph, ce cochon de dauphin, ou marsouin, tout près, qui nous montre son ventre bien garni de sardines ? Vite, harponne-le, cela lui apprendra à ne plus se moquer de nous.

Nº 19 PÊCHE DES OURSINS

Nom local des oursins. — « Enchine » et « retze », en italien ; « asgarottesse » et « ouillettesse », en espagnol.

On trouve des oursins tout le long de la côte algérienne, à
partir du rivage rocheux jusqu'à 10 mètres de fond environ.
Comme sur les rivages de France, ces fruits de mèr sont
de couleur châtain foncé, violet foncé et gris foncé, et sont
tous comestibles à l'exception d'une espèce, de couleur très
noire, à l'intérieur de laquelle on ne trouve rien de bon à
manger. Cette espèce est appelée vulgairement « oursin
juif ».

On pêche l'oursin à toute saison, principalement en été.

Pour les retirer des cavités des rochers, on se sert de :
fourchettes recourbées, de couteaux et autres instruments.
Un peu au large, sur un bateau, on les recueille au moyen
d'un roseau dont l'extrémité est divisée en trois parties, qui
sont maintenues écartées au moyen d'un gros bouchon en
liège mis à l'intérieur et saisi au moyen d'une ficelle. On
appuie cette partie du roseau sur l'oursin que l'on prend
assez facilement, surtout dans les algues. On se sert également d'un crochet à deux pointes recourbées pour la pêche
aux fonds rocheux. On promène aussi au fond, fixé au bout
d'une perche, un bout de filet ou un faubert auxquels les
oursins s'accrochent. Des professionnels, en plongeant la
tête dans l'eau, réussissent, à temps, à dégager l'oursin de
la cavité des rochers et les mettent, à mesure, dans une corbeille qui est maintenue à flot au moyen d'une bande de
liège fixée aux bords supérieurs. Dans certains parages propices, en Algérie, comme en France, on capture les oursins,
pendant la nuit, au moyen d'un engin composé d'un cercle
en fer auquel est fixée une poche de filet.

Cet engin est traîné par un bateau.

Pendant la nouvelle et la pleine lune, les ovaires comes-

Pêche des oursins ; à pied et en bateau

Engin pour la capture des oursins pendant
la nuit.

tibles des oursins sont pleins ; au dernier quartier, ils commencent à diminuer pour n'avoir presque plus rien pendant les nuits sombres ; y voyant clair, pendant que la lune éclaire, ces échinodermes, après le jour, continuent pendant leur marche nocturne leur nourriture, qui se compose de très menus coquillages qu'ils ne peuvent trouver pendant les nuits sombres. En tout cas, ce n'est que pendant les nuits claires qu'on en capture passablement au moyen dudit engin remorqué par un bateau.

Ces châtaignes de mer sont très recherchées pour leur excellent goût et si ce n'était le travail pour les ouvrir, cinq ou six douzaines, bien arrosées de bon vin blanc, ne feraient pas peur.

Les oursins des fonds d'algues au pied desquelles ils trouvent les petits coquillages desquels ils se nourrissent sont les plus gros, les meilleurs et les plus recherchés.

Les pêcheurs à la ligne écrasent des oursins et forment une pâte qui, mélangée à du sable, sert à « *brumer* » l'eau pour attirer le poisson avant de lancer leur ligne à la mer.

Suivant leur grosseur et s'ils sont bien pleins ou non, les oursins se vendent à deux et trois sous la douzaine.

N° 20 COQUILLAGES DIVERS

La côte algérienne est assez bien fournie en espèces de coquillages divers.

Huîtres. — Il existe sur certains points quelques bancs d'huîtres qui ne peuvent être exploités du fait qu'ils gisent sur des fonds rocheux ou accidentés et où aucun filet ne peut être traîné ni aucun engin employé. Le frai, rejeté en mai par ces mollusques, transporté dans toutes les directions par les courants, s'accroche sur des cailloux, morceaux de tuiles et escarbilles que recueillent à leur passage les filets des pêcheurs au bœuf (voir la fig. 3, du n° 9). Parfois on compte jusqu'à 50 individus de tout âge accrochés à ces corps solides.

Aucun essai sérieux d'ostréiculture n'a été tenté. Il existe cependant des stations ostréiocoles de premier ordre sur la côte algérienne qui, tôt ou tard, seront certainement aménagées et mises en valeur.

Moules. — Comme dans le Midi de la France, les bancs de moules ne sont pas rares sur la côte algérienne. Il existe quelques agglomérations importantes dans certains parages : notamment au cap Bougaroni, aux environs de Mansouriah, et près de Bougie, à l'Ouest, points assez déserts de population et qu'on ne peut atteindre sans l'aide d'une embarcation. Il est à présumer qu'anciennement la côte devait être garnie de moulières et que celles pouvant être atteintes à pied sec ont été détruites par les indigènes. Les moules se développent fort bien et très rapidement sur les roches de la côte ; des moulières artificielles pourraient être facilement installées dans les endroits les mieux abrités..

Coquilles de Saint-Jacques, Bigorneaux et Pintadines. — Ces autres espèces de mollusques qui sont, comme les huîtres, recueillies au fond par le filet dit « bœuf » sont aussi abondantes que sur les côtes de France.

Clovisses, Palourdes, Praires, Pétoncles et autres espèces de vase. — Ces espèces abondent, surtout près des embouchures des fleuves et des rivières, et dans le fond des eaux tranquilles des rades et des bassins. On les prend dans la vase relevée du fond au moyen d'une large pelle.

Patelles, dites Arapèdes. — Abondent sur toute la côte, collées aux rochers.

Dattes de mer. — Les dattes de mer qu'on trouve logées dans les blocs schisteux de la côte, que ces mollusques perforent, ainsi que dans ceux des jetées et des digues, sont assez abondantes ; pour pouvoir les atteindre, on doit casser les blocs (voir Lois, Décrets, etc.).

Aucun établissement d'ostréiculture ni de mytiliculture n'existe encore sur la côte algérienne. Les réservoirs existants servent à parquer les huîtres et les moules importées de France.

Lois, Décrets, Arrêtés, etc. — Le commandant de la Marine fixe, par des arrêtés les époques d'ouverture et de clôture de la pêche des huîtres et des moules. Ces arrêtés déterminent les huîtrières et les moulières à livrer à l'exploitation, ainsi que les mesures à observer en vue de la conservation des bancs. Cette pêche est interdite avant le lever et après le coucher du soleil. (Art. 10 du décret du 2 juillet 1894).

La pêche des coquillages autres que les huîtres et les moules est permise en tout temps de jour et de nuit (art. 12 du même décret).

Découverte d'un banc d'huîtres ou repeuplement d'un ancien banc. — Tout pêcheur qui a découvert un banc d'huîtres est tenu d'en faire immédiatement la déclaration à l'autorité maritime, en donnant les amers en vue de la visite, qui a lieu aussitôt.

Le commandant de la Marine fait examiner le gisement huîtrier signalé et arrête les mesures à prendre pour sa conservation et son exploitation (art. 36 et 37).

Conservation des moulières. — Les prescriptions des art. 36 et 37, précédents, sont applicables aux moulières.

Cueillette des moules. — Il est défendu d'arracher les moules à poignées et de les cueillir avec d'autres instruments que des couteaux et des râteaux à moules (art. 39).

Il est interdit de jeter sur les huîtrières et les moulières et autres bancs de coquillages des immondices ou du lest de navire (art. 40).

Il est défendu de pêcher, de faire pêcher, d'acheter, de

vendre, de transporter et d'employer à un usage quelconque : 1° Les huîtres au-dessous de cinq centimètres ; 2° les moules au-dessous de trois centimètres (art. 46). Les pêcheurs doivent immédiatement rejeter à la mer, morts ou vifs, les coquillages capturés par eux n'atteignant pas ces dimensions (art. 47).

Il est prescrit aux pêcheurs, aux détenteurs d'établissements ou de réservoirs à huîtres et à moules de toute nature, aux marchands, colporteurs, voituriers, capitaines, maîtres ou patrons et à tous ceux qui transportent des coquillages de laisser visiter, à première réquisition de l'autorité maritime, leurs bateaux, voitures, mannes et autres objets contenant les coquillages.

La saisie des coquillages n'ayant pas les dimensions réglementaires entraîne la saisie du lot dans lequel ils ont été découverts (art. 48).

Les coquillages gisant hors de l'enceinte des parcs et des dépôts ne peuvent être revendiqués par les détenteurs de l'établissement s'il n'est constaté qu'il en a été enlevé par la mer ou par tout autre accident de force majeure (art. 62)

Il est interdit à tout détenteur d'établissement de laisser leur parc ou dépôt inoccupé pendant une année entière, sous peine du retrait de l'autorisation qui lui a été accordée (art. 64 du même décret du 2 juillet 1894).

Il est interdit aux pêcheurs à pied de se servir d'aucun filet, engin ou instrument quelconque pour faire la pêche des huîtres. Ils ne peuvent recueillir ces mollusques qu'à la main (art. 69).

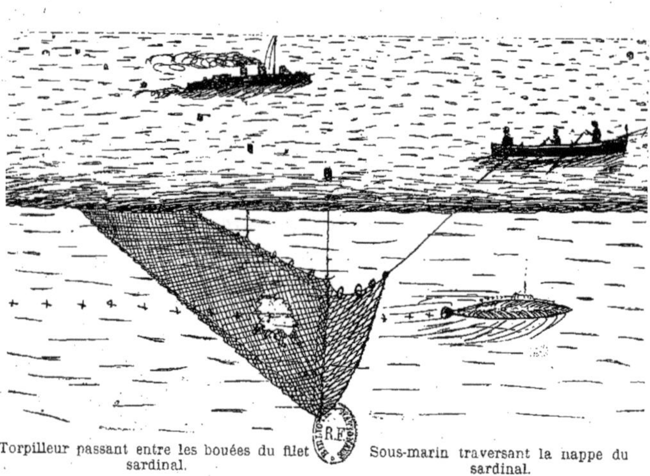

Torpilleur passant entre les bouées du filet
sardinal.

Sous-marin traversant la nappe du
sardinal.

CINQUIÈME PARTIE

Divers

N° 21 MARSOUINS

Les côtes d'Algérie, comme celles du Midi de la France, sont infestées de marsouins. Ces gros poissons, par leurs ravages journaliers, portent un préjudice considérable aux pêcheurs, les empêchant souvent de se livrer à la pêche et déchirant leurs engins presque chaque fois qu'ils sont mis à la mer. Les pertes en rendement de poisson et par conséquent en numéraire, sont incalculables, comme il est démontré plus loin.

Des essais de destruction ont eu lieu, il y a une douzaine d'années, au moyen d'un système d'éplingles à ressort, lesquelles, maintenues parallèles au moyen d'un raphia, étaient introduites dans des sardines capturées que l'on rejetait ensuite à la mer ; elles s'ouvraient en croix dans les entrailles du marsouin qui happait la sardine, quand le mastic était fondu. Les résultats ont été bien petits ; les épingles ont été délaissées.

On a fait la chasse à ces bêtes malfaisantes à coups de fusils ; les torpilleurs qui leur font depuis quelque temps la chasse à coups de canons-revolvers, en France, donnent quelques résultats. — En Algérie, c'est le marsouin ; en France, le dauphin. Le dernier, ayant le museau inférieur plus court que le supérieur, fait beaucoup plus de dégâts aux engins de pêche. Des primes de 5 ou de 10 francs par tête d'animal capturé sont données aux pêcheurs. Mais ces captures, rares, ne sont qu'accidentelles et non directes.

Quand un marsouin se trouve pris dans un filet lamparo, seul engin avec lequel ils peuvent se prendre, les pêcheurs cherchent plutôt à le faire partir, afin d'éviter les dégâts qu'il occasionne à la nappe fine en le ramenant à la surface. S'ils n'y réussissent d'aucune façon, il est croché et mis à bord. La tête est exhibée à l'autorité maritime et la prime donnée.

Ces cétacés continuent à se reproduire et leur nombre va toujours en augmentant.

On ne détruira jamais les marsouins, à moins que des pêcheurs ne soient spécialement affectés à leur destruction. Pour en détruire un bon nombre, les pêcheurs ne manqueraient pas pour les traquer si l'Etat leur garantissait un gain annuel équivalent au gain des autres pêcheurs et leur allouait en même temps la prime de 10 francs par tête, qui servirait à faire face aux frais de réparation des dégâts occasionnés aux engins employés. Dans ce cas, on pourrait les cerner assez souvent avec la thonaire, dans les mêmes conditions qu'on cerne les thons, cependant quelque peu plus difficilement parce que les marsouins marchent plus débandés et se débattent davantage. Une fois bien cernés, on les détruirait au moyen de quelques cartouches de dynamite et ils viendraient à la surface le ventre en l'air.

Quand on réussit d'un coup de fusil à atteindre un marsouin à la tête (sur les autres parties du corps la balle ne fait que ricocher), l'animal, par ses gémissements et par le sang qu'il répand, est la cause que tous ses autres congénères s'esquivent en parcourant autant de mer qu'ils trouvent. Comme le disait un pêcheur : s'ils n'étaient arrêtés par les côtes de Provence, ils fileraient jusqu'au Pôle Nord.

L'engin de pêche le plus attaqué par les marsouins est le sardinal, la sardine étant leur nourriture préférée et la nappe de cet engin étant la plus fine. Quand peu de sardines sont maillées, la nappe est déchirée à belles dents par ces animaux malfaisants qui, dans ce cas, se pressent ; mais les dégâts sont encore plus grands quand les sardines sont maillées du côté opposé d'où ils arrivent, car ils traversent la nappe, en mordant aussi dans le filet pour happer le poisson pris à la maille, du côté où ils ne sont pas. Quand il ne reste plus de sardines, ils filent vite sur le filet du voisin, qu'ils saccagent également. Bien peu de filets restent inattaqués.

Mais quand il y a abondance de sardines prises au filet, ces maudits marsouins ne se pressent alors pas autant, vu qu'il y en a pour tous. Dans cet autre cas, happant plus délicatement les sardines, ils ne déchirent pas autant la nappe du filet.

Enfin ils frottent du dos les points du filet les mieux garnis de sardines, en font démailler une bonne partie qu'ils ramassent et avalent à mesure tout en en oubliant quelques-

unes qui, remontant à la surface, sont recueillies par les goë-
lands qui doivent vivre aussi. Les grosses sardines de fond,
celles des mois de mai à septembre, au lieu d'aller au fond
comme les petites et comme aussi les anchois, remontent
mortes à la surface.

On a vu mettre à la mer des filets sardinals flambants
neufs, valant, les quatre pièces ensemble, 1.200 francs environ, et avoir à les retirer par les ralingues, la nappe étant
hors de service, les marsouins affamés l'ayant complètement
déchiquetée.

C'est justement au moment qu'ils sont occupés à un sardinal bien garni de poissons qu'on pourrait capturer une
bonne bande de marsouins en cernant le tout, marsouins et
filet sardinal, avec une thonaire. Mais cette opération ne
pourrait avoir lieu que par des fonds ne dépassant pas 20
mètres, ladite thonaire n'ayant que cette hauteur.

Les sardinals pêchant l'anchois au large n'ont pas tant à
souffrir des marsouins, qui paraissent bien moins souvent ;
a un autre côté, l'anchois, ayant une tripaille très âpre, ils
se contentent de la moitié en laissant à la maille la partie de
la tête. Mais quand ils ont le ventre vide et qu'ils sont nombreux, ils mangent tout et l'engin est déchiqueté aussi.

Sitôt qu'on aperçoit les marsouins pendant le jour, ou
qu'on les entend souffler dans la nuit, les pêcheurs se pressent de relever leurs filets, ce qui demande parfois une
heure de temps s'ils sont calés au fond par bonne profondeur, afin d'éviter les moins de dégâts possibles, mais souvent les marsouins ont eu le temps de ravager une partie de
l'engin.

D'autres engins de pêche, tels que : bonitières, boguières
et trémails, engins fixes, sont également attaqués, ainsi que
les mailles à fil fin des filets bœufs.

Les lamparos et les retz volants, engins flottants qu'on
relève aussitôt calés, ont peu à souffrir des marsouins.

Préjudices causés. — Les sardinals sont, nous avons dit,
les engins les plus attaqués par les marsouins. En effet, toute
la saison de pêche durant, rare est le jour où ils ne sur-
viennent pas. S'ils sont sur les lieux de pêche, il est inutile
ou plutôt dangereux de mettre le filet à la mer. Les pêcheurs
restent cependant sur place dans l'espoir que ces pourceaux
s'en iront ; s'ils s'en vont, le travail a subi du retard ; si le
poisson donne tard il n'y a pas beaucoup de mal, mais s'il
donne de bonne heure, peu après le coucher du soleil ou

quand l'aube du matin a commencé à poindre, il y a peu d'espoir de faire bonne pêche. Mais souvent les marsouins qu'on croit partis font demi-tour après avoir visité les filets des voisins qui, ne les ayant pas aperçus, avaient calé leur engin, et les voilà sur les filets qu'on s'empresse de relever. La calée est perdue.

Il faut dire aussi que quand une quarantaine de bateaux, plus ou moins, sont groupés ensemble, ce sont les engins de ceux qui se trouvent au premier rang dans la direction d'où arrivent les marsouins qui reçoivent le premier choc, tandis que ceux du milieu, et surtout du côté opposé, restent parfois indemnes, ces bêtes s'étant déjà repues. Mais aussi il en arrive souvent de toutes parts ; dans ce cas, étant divisés, ils occasionnent moins de dégâts aux sardinals.

Si les marsouins n'existaient pas, les sardiniers apporteraient presque journellement à terre de bonnes quantités de sardines et d'allaches. Cette catégorie de pêcheurs, qui sont le nombre, tant en Algérie que dans le Midi de la France, gagnerait très bien la vie et les campagnes de pêche, durant du mois de mars à la fin du mois d'août, ne seraient jamais moindres de 1.200 francs par matelot, tandis que ces derniers gagnent à peine 350 francs. Sans dégâts aux filets, ils pourraient aussi se bien reposer le jour, travaillant pendant la nuit au lieu de cuire au soleil en ramendant les sardinals. Et pour les propriétaires des bateaux, ce serait aussi tout bénéfice, n'ayant pas à faire réparer les dégâts qui sont journaliers actuellement.

Les ateliers de salaisons et les friteries, trop souvent dans le marasme, prospéreraient également et tout un monde de riverains travailleraient continuellement.

Le public s'approvisionnerait aussi à bien meilleur compte de ces espèces de poissons bleus migrateurs, si succulents, frais ou salés.

C'est bien dommage que ces terribles cétacés existent ! Si on pouvait au moins les détruire, ou plutôt en détruire beaucoup !

Comme en Algérie on se sert surtout du lamparo et du retz volant pour la capture des sardines et des allaches, les marsouins n'ont guère le temps de trop nuire à ces engins, qui sont immédiatement relevés après calage pour ramener au plus vite à bord du bateau le banc de poissons qui vient d'être cerné.

Dans certains parages de la côte, tels que Collo, Cherchell et quelques autres points, où l'anchois fait défaut, les sardines n'étant généralement pêchées qu'au moyen du sardinal, ce qui fait mieux l'affaire du saleur, étant beaucoup plus régulières que celles capturées au lamparo, les marsouins gênent beaucoup.

Pour les anchois, qui sont pêchés au large et dont les intestins sont par trop âpres, avons-nous dit, pour le goût des marsouins, le travail n'est pas trop gêné par ces vilaines bêtes.

En somme, le capital employé pour l'armement des bateaux sardiniers, rapporte.

Des marsouins, parfois capturés par le lamparo, mais plus souvent par la thonaire, se laissent bêtement cerner comme de simples thons. A leur échouage sur la plage, ils reçoivent premièrement une bonne distribution de bois sec ; le mousse est celui qui tape le plus longtemps. On les expose ensuite sur une place pour faire voir leurs jolies formes, leur belle mâchoire garnie de dents bien blanches qui ont déchiré tant de nappes de filets.

N° 22 "PRUD'HOMIES"
DES CORPORATIONS DE PÊCHEURS [1]

Il n'existe pas encore, en Algérie, des « Prudhomies » de pêcheurs. Celles de France : de Marseille, de Cette, de Saint-Laurent-de la-Salanque, de Collioure, de Banyuls-sur-Mer et autres, très anciennes, sont sérieusement bien assises et rendent de grands services. Tous les pêcheurs, qui ont élu les prud'hommes, en reconnaissent obligatoirement l'autorité en relevant dans tous les cas qui se produisent.

La corporation, qui comprend tous les pêcheurs locaux, sans exception, élit au suffrage universel trois juges dont l'un est président, et un suppléant. Les élus sont choisis parmi les pêcheurs les plus éclairés et les plus honorables. Un greffier, parfois non pêcheur, pour les quelques écritures à tenir, reçoit une petite rétribution sur les fonds de la caisse de la « Prud'homie ».

Chaque propriétaire de bateau verse annuellement une cotisation de 10 francs ou plus ou moins suivant la localité. La somme en caisse sert à payer le loyer et l'entretien du local, ainsi que les accessoires ; le restant est employé à secourir les pêcheurs malades ou dans tout autre cas reconnus nécessiteux.

Le vrai but de la « Prud'homie » consiste à régler l'exercice de la pêche et à mettre en jugement les pêcheurs qui ont porté préjudice aux autres en ne tenant pas compte des

---

(1) Par le mot Prud'homie, les pêcheurs entendent plutôt désigner le local de réunion du Conseil des Prud'hommes.

règlements de la « Prud'homie » et des habitudes locales.
La « Prud'homie » devient donc un tribunal et les prud'-
hommes des juges pour juger, en certains cas, leurs pairs en
parfaite connaissance de cause.

Exemple : Ayant été reconnu par le Conseil des prud'hommes qu'à tel moment le poisson se tient, à l'aube du soir,
plutôt à la surface, les parages où on le capture étant, par
exemple, de 20 brasses de fond et le filet en calant déjà lui-
même 14, le président fait afficher un ordre qui fait connaître que les flotteurs du sardinal devront avoir 3, 4 ou 5 brasses de ligne à l'aube du soir ; qu'à celle du matin rien n'est
changé (voir fig. 10 et 11). Calage toujours au fond.

Les 50 bateaux, ou plus ou moins, se rendent généralement
tous dans les parages où le poisson a donné les jours précédents, se placent à une distance de 300 mètres environ l'un
de l'autre et les patrons doivent immerger leur engin à la
profondeur d'eau désignée par l'ordre de la « Prud'homie »,
sinon celui qui ne veut pas en tenir compte doit s'écarter
de l'agglomération et pêche alors comme bon lui semble.

Si quelque patron de l'agglomération croirait ne pas tenir
compte de l'ordre, ce qui n'arrive presque jamais, et qu'il
serait la cause de dégâts commis au filet du voisin, il se
trouverait en défaut ; de ce fait il serait mis en jugement et
condamné par le tribunal de la « Prud'homie » à payer
les dommages occasionnés par sa faute. Le jugement est
sans appel. — L'administrateur de l'Inscription maritime du
quartier prête aide et assistance au tribunal quand c'est nécessaire ; il vise les jugements rendus ainsi que certaines dé-
cisions. Des réunions qui sont présidées par le même administrateur ont lieu de temps en temps pour régler les affaires annuelles et aussi les cas extraordinaires qui peuvent se
produire. Pour l'élection des prud'hommes le chef de quartier est président de droit. Le Préfet maritime peut annuler
les élections si elles ont eu lieu dans des conditions irrégu-
lières.

Les « Prud'homies », qui sont d'une grande utilité pour
la corporation, aident puissamment dans les questions de
pêche, l'Inscription Maritime ne pouvant toujours juger en
parfaite connaissance de cause, sauf à faire application des
textes des lois, d'après les renseignements recueillis.

Dans les petits centres, les Prud'homies » ne peuvent
exister en raison du petit nombre de pêcheurs.

Un essai d'installation de « Prud'homies » fait sur le littoral algérien, il y a quelques années, ne réussit pas faute de pêcheurs sachant suffisamment lire et écrire pour faire des Prud'hommes-juges. Sous peu ce sera peut-être possible, mais pour être élu prud'homme, surtout président, il faut en outre posséder une bonne expérience de la profession de pêcheur qu'on n'acquiert guère avant l'âge de 35 ans.

Dans un quartier de la Métropole, des entrepreneurs, voulant dépecer un vapeur à la côte au moyen de la dynamite, la « prud'homie » s'y opposa, prétextant que les explosions porteraient préjudice à la stabilité des poissons migrateurs et que les détonations sous-marines chasseraient aussi les espèces sédentaires. Elle eut gain de cause.

Comme il est dit à l'article « Bœuf », n° 9, les règlements des « Prud'homies » peuvent interdire aux pêcheurs au bœuf du Syndicat voisin de venir draguer les fonds d'un autre syndicat. Cette interdiction réciproque existe entre les syndicats maritimes de Saint-Laurent de la Salanque et de Collioure, quartiers de Narbonne et de Port-Vendres.

N° 23 SOCIÉTÉ DE SECOURS MUTUELS,
ENTRE
PÊCHEURS ET BORNEURS ALGÉRIENS

Il n'existe pas encore, entre les marins pêcheurs et bor-
neurs algériens des sociétés de secours mutuels, ni de sociétés d'assurance de matériel de pêche. Tandis qu'en France
ces sociétés assez nombreuses rendent de grands services.

Actuellement, les trois-quarts des marins algériens étant
stables, une bonne partie ayant accompli leur service mili-
taire, en France évidemment, il suffirait, semble-t-il, de pro-
voquer des conférences pour expliquer le but humanitaire
de ces sociétés et l'aide morale et pécuniaire qui y seraient
apportés par les pouvoirs publics pour qu'on se décide à en
former au moins une dans chacun des chefs-lieu des quatre
quartiers.

On commencerait par les Sociétés de secours mutuels ;
plus tard il pourrait être question des sociétés d'assurance
du matériel.

Les Sociétés de secours mutuels seraient très possibles à
créer dans les chefs-lieux des quartiers : Bône, Philippeville,
Alger et Oran, où le nombre de marins-pêcheurs surtout est
assez élevé. Les pêcheurs des Syndicats voisins pourraient
par la suite y adhérer et nul doute qu'elles prospéreraient.
Les familles étant nombreuses et les bienfaits réels, sûrement
que les participants ne feraient pas défaut.

Pour cela il faudrait premièrement de la bonne volonté de
la part des autorités maritimes locales, ce qui ne ferait certainement pas défaut, puisqu'il s'agirait du bien des marins
à qui ces autorités doivent aide et protection.

Une fois établies, ces Sociétés auraient à se diriger évidemment d'elles-mêmes, mais toujours sous la tutelle bienfaisante de la même autorité maritime.

Le Ministre de la Marine a conseillé, à plusieurs reprises, de pousser les marins dans cette voie, car les misères à soulager ne manquent malheureusement pas dans les familles et ce n'est pas un minime secours accordé tous les ans ou les deux ans aux vieux marins non pensionnés qui peut les aider beaucoup.

S'aider mutuellement, qu'y a-t-il, marins, de plus beau et de plus louable ?

TABLE DES MATIÈRES

PREMIÈRE PARTIE

ENGINS DE PÊCHE FLOTTANTS

DEUXIÈME PARTIE

FILETS FIXES

TROISIÈME PARTIE

FILETS TRAINANTS

QUATRIÈME PARTIE

ENGINS DE PÊCHE DIVERS

CINQUIÈME PARTIE

DIVERS

Articles de Pêche et Marine

Daniel ROMÉO

ALGER — 1, Boulevard de France, 1. — ALGER

Dépositaire de l'Huile de Foie de Morue des Marins

Spécialité de filets mécaniques et à la main en lin, **chanvre**
et coton, pour mer, chasse et rivière.

Lièges et plombs pour montages de filets

Cordages de toutes dimensions en chanvre, aloès, manille,
coco et sparte. — Fils et ficelles de pêche en chanvre, lin et
coton, fils à voile. — Palangres et brassolades de Mahon,
lignes de fonds et pour roseaux.

Hameçons anglais et français, hameçons *Présidents*, hameçons à thons. — Crins d'Espagne et d'Italie, racines anglaises. — Cordonnet en soie et soie piscivore pour la pêche. —
Lignes et boulantins en crin de cheval.

Nasses et Mureniers de toutes dimensions en roseaux, joncs
et fils de fer galvanisés.

Cannes à pêche rentrantes et en paquets, fouïnes, harpons
à marsouin, lances à crabes, gaffes à oursins, moulinets,
turlutes, voleurs, carafes en verre et en fil de fer, fils de laiton, plumes montées pour la traîne, salabres, filets pour
marché, ceintures de natation.

*Toiles à voile et costumes imperméables. — Aiguilles à voile
et de machine*

*Vestons des Messageries de Marseille, Casquettes
Marseillaises de la Maison Pévérelly*

Avirons, seaux, poulies en bois et fer, réas, grappins,
vrilles, cosses, crocs, dames de nage, fers à gaffes, ridoirs,
clous galvanisés, câbles en acier galvanisé, maillons et mailles anglaises, bagues de foc, aiguillots de gouvernail, etc.

*Sels à salaisons de France et d'Italie, Barils siciliens,
Ecorces à tan, etc.*

www.ingramcontent.com/pod-product-compliance
Ingram Content Group UK Ltd.
Pitfield, Milton Keynes, MK11 3LW, UK
UKHW021904070726
13613UKWH00001B/315